Materiais manipulativos
para o ensino das
QUATRO OPERAÇÕES BÁSICAS

Organizadoras
Katia Cristina Stocco Smole
Doutora em Educação, área de Ciências e Matemática pela FE-USP

Maria Ignez de Souza Vieira Diniz
Doutora em Matemática pelo Instituto de Matemática e Estatística da USP

Autoras
Ayni Shih
Especialista em Fundamentos do Ensino da Matemática pela parceria Mathema/Unifran

Carla Cristina Crispim
Especialista em Fundamentos do Ensino da Matemática pela parceria Mathema/Unifran

Heliete Meira C. A. Aragão
Mestre em Ensino de Ciências e Educação Matemática pela UEL

Sonia Maria Pereira Vidigal
Mestre em Educação, área de Ciências e Matemática pela FE-USP

Aviso
A capa original deste livro foi substituída por esta nova versão. Alertamos para o fato de que o conteúdo é o mesmo e que a nova versão da capa decorre da adequação ao novo layout da Coleção Mathemoteca.

M425   Materiais manipulativos para o ensino das quatro operações básicas / Autoras, Ayni Shih ... [et al.] ; Organizadoras, Katia Stocco Smole, Maria Ignez Diniz . – Porto Alegre : Penso, 2016.
199 p. il. color. ; 23 cm. – (Coleção Mathemoteca ; v. 2).

ISBN 978-85-8429-072-7

1. Matemática – Práticas de ensino. 2. Aritmética - Operações básicas. I. Shih, Ayni. II. Smole, Katia Stocco. III. Diniz, Maria Ignez.

CDU 511.12

Catalogação na publicação: Poliana Sanchez de Araujo – CRB 10/2094

ORGANIZADORAS
Katia Stocco Smole
Maria Ignez Diniz

Materiais manipulativos
para o ensino das

QUATRO
OPERAÇÕES
BÁSICAS

Autoras
Ayni Shih
Carla Cristina Crispim
Heliete Meira C. A. Aragão
Sonia Maria Pereira Vidigal

2016

© Penso Editora Ltda., 2016

Gerente editorial: *Letícia Bispo de Lima*

Colaboraram nesta edição

Editora: *Priscila Zigunovas*

Assistente editorial: *Paola Araújo de Oliveira*

Capa: *Paola Manica*

Projeto gráfico: *Juliana Silva Carvalho/Atelier Amarillo*

Editoração eletrônica: *Kaéle Finalizando Ideias*

Fotos: *Silvio Pereira/Pix Art*

Reservados todos os direitos de publicação à PENSO EDITORA LTDA., uma empresa do GRUPO A EDUCAÇÃO S.A.

Av. Jerônimo de Ornelas, 670 - Santana
90040-340 - Porto Alegre - RS
Fone: (51) 3027-7000 Fax: (51) 3027-7070

Unidade São Paulo

Av. Embaixador Macedo Soares, 10.735 - Pavilhão 5 - Cond. Espace Center
Vila Anastácio - 05095-035 - São Paulo - SP
Fone: (11) 3665-1100 Fax: (11) 3667-1333

SAC 0800 703-3444 - www.grupoa.com.br

É proibida a duplicação ou reprodução deste volume, no todo ou em parte, sob quaisquer formas ou por quaisquer meios (eletrônico, mecânico, gravação, foto-cópia, distribuição na Web e outros), sem permissão expressa da Editora.

IMPRESSO NO BRASIL
PRINTED IN BRAZIL

Apresentação

Professores interessados em obter mais envolvimento de seus alunos nas aulas de matemática sempre buscam novos recursos para o ensino. Os materiais manipulativos constituem um dos recursos muito procurados com essa finalidade.

Desde que iniciamos nosso trabalho com formação e pesquisa na área de ensino de matemática, temos investigado, entre outras questões, a importância dos materiais estruturados.

Com esta Coleção, buscamos dividir com vocês, professores, nossa reflexão e nosso conhecimento desses materiais manipulativos no ensino, com a clareza de que nossa meta está na formação de crianças e jovens confiantes em suas habilidades de pensar, que não recuam no enfrentamento de situações novas e que buscam informações para resolvê-las.

Nesta proposta de ensino, os conteúdos específicos e as habilidades são duas dimensões da aprendizagem que caminham juntas. A seleção de temas e conteúdos e a forma de tratá-los no ensino são decisivas; por isso, a escolha de materiais didáticos apropriados e a metodologia de ensino é que permitirão o trabalho simultâneo de conteúdos e habilidades. Os materiais manipulativos são apenas meios para alcançar o movimento de aprender.

Esperamos dar nossa contribuição ao compartilhar com vocês, professores, nossas reflexões, que, sem dúvida, podem ser enriquecidas com sua experiência e criatividade.

As autoras

Sumário

1 Materiais didáticos manipulativos..**9**

Introdução 9

A importância dos materiais manipulativos.................................... 10

A criança aprende o que faz sentido para ela 11

Os materiais são concretos para o aluno................................. 11

Os materiais manipulativos são representações de ideias matemáticas ... 12

Os materiais manipulativos permitem aprender matemática.................... 13

A prática para o uso de materiais manipulativos......................... 14

Nossa proposta 15

Produção de textos pelo aluno 16

Painel de soluções... 18

Uma palavra sobre jogos... 19

Para terminar 20

**2 Materiais didáticos manipulativos para
o ensino das quatro Operações Básicas** **23**

As operações aritméticas básicas 23

**3 Atividades de Operações Básicas com
materiais didáticos manipulativos** **27**

Ábaco de pinos... 29

1 O ábaco e as adições.. 33

2 Adicionando no ábaco... 37

3 Subtraindo no ábaco... 39

4 Ábaco – subtraindo com trocas... 43

5 Ábaco – subtraindo com trocas duplas 45

6 Subtraindo com ábaco e algoritmo...................................... 47

7 Multiplicando no ábaco.. 49

Cartas especiais... 51

1 Memória de 15.. 53

2 Borboleta 55

3 Salute 57

4 Stop da subtração... 61

5 Batalha da multiplicação... 65

6 Adivinhe.. 69

7 Pescaria da multiplicação 73

8 Jogo da borboleta: multiplicativo 77

Fichas sobrepostas 81
1 Trocando pelo mesmo valor 83
2 O que é, o que é? 87
3 O troca-troca da subtração 91
4 O troca-troca da adição 93
5 Multiplicando como Didi 97
6 Investigue e responda 101
7 Quebrando a cuca 103
8 Quanto mais, melhor! 105
9 Quanto menos, melhor! 109

Apêndice: Calculadora 111
1 Investigando a calculadora 115
2 Matemaclicar 119
3 Completando com a "conta de vezes" 123
4 Resolvendo problemas 127
5 As contas da Tatá 131
6 Decompondo números 135
7 O dez é quem manda 139
8 Meta! 143
9 Você é fera! 147
10 Brincando com a tabuada 151
11 Várias operações, uma mesma resposta 153
12 Estimativa: o valor mais próximo 157
13 Perseguindo um objetivo 161
14 Poucas teclas, várias expressões 165
15 Qual número digitei? 169
16 O desafio do professor Bondecuca 171
17 Qual o número do telefone? 175

4 Materiais **179**
Cartas especiais 180
Fichas sobrepostas 185

Referências **192**

Leituras recomendadas **194**

Índice de atividades (ordenadas por ano escolar) **196**

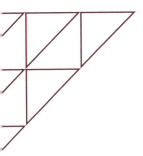

Materiais didáticos manipulativos

Introdução

A proposta de utilizar recursos como modelos e materiais didáticos nas aulas de matemática não é recente. Desde que Comenius (1592-1670) publicou sua *Didactica Magna* recomenda-se que recursos os mais diversos sejam aplicados nas aulas para "desenvolver uma melhor e maior aprendizagem". Nessa obra, Comenius chega mesmo a recomendar que nas salas de aula sejam pintados fórmulas e resultados nas paredes e que muitos modelos sejam construídos para ensinar geometria.

Nos séculos seguintes, educadores como Pestalozzi (1746--1827) e Froëbel (1782-1852) propuseram que a atividade dos jovens seria o principal passo para uma "educação ativa". Assim, na concepção destes dois educadores, as descrições deveriam preceder as definições e os conceitos nasceriam da experiência direta e das operações que o aprendiz realizava sobre as coisas que observasse ou manipulasse.

São os reformistas do século XX, principalmente Claparède, Montessori, Decroly, Dewey e Freinet, que desenvolvem e sistematizam as propostas da Escola Nova. O sentido dessas novas ideias é o da criação de canais de comunicação e interferência entre os conhecimentos formalizados e as experiências práticas e cotidianas de vida. Toda a discussão em torno da questão do método, de uma nova visão de como se aprende, continha a ideia de um religamento entre os conhecimentos escolares e a vida, uma reaproximação do pensamento com a experiência.

Sem dúvida, foi a partir do movimento da Escola Nova – e dos estudos e escritos de John Dewey (1859-1952) – que as preocupações com um método ativo de aprendizagem ganharam força. Educadores como Maria Montessori (1870-1952) e Decroly (1871-1932), inspirados nos trabalhos de Dewey, Pestalozzi e Froëbel, criaram inúmeros jogos e materiais que tinham como objetivo melhorar o ensino de matemática.

O movimento da Escola Nova foi uma corrente pedagógica que teve início na metade do século XX, sendo renovador para a época, pois questionava o enfoque pedagógico da escola tradicional, fazendo oposição ao ensino centrado na tradição, na cultura intelectual e abstrata, na obediência, na autoridade, no esforço e na concorrência.

A Escola Nova tem como princípios que a educação deve ser efetivada em etapas gradativas, respeitando a fase de desenvolvimento da criança, por meio de um processo de observação e dedução constante, feito pelo professor sobre o aluno. Nesse momento, há o reconhecimento do papel essencial das crianças em todo o processo educativo, pré-disponibilizadas para aprender mesmo sem a ajuda do adulto, partindo de um princípio básico: a criança é capaz de aprender naturalmente. Ganham força nesse movimento a experiência, a vivência e, consequentemente, os materiais manipulativos em matemática, por permitirem que os alunos aprendessem em processo de simulação das relações que precisavam compreender nessa disciplina.

Importante lembrar também que, a partir dos trabalhos de Jean Piaget (1896-1980), os estudos da escola de Genebra revolucionaram o mundo com suas teorias sobre a aprendizagem da criança. Seguidores de Piaget, como Dienes (1916-), tentaram transferir os resultados das pesquisas teóricas para a escola por meio de materiais amplamente divulgados entre nós, como os Blocos Lógicos.

Assim, os materiais didáticos há muito vêm despertando o interesse dos professores e, atualmente, é quase impossível que se discuta o ensino de matemática sem fazer referência a esse recurso. No entanto, a despeito de sua função para o trabalho em sala de aula, seu uso idealizado há mais de um século não pode ser aceito hoje de forma irrefletida. Outras são as nossas concepções de aprendizagem e vivemos em outra sociedade em termos de acesso ao conhecimento e da posição da criança na escola e na sociedade.

A importância dos materiais manipulativos

Entre as formas mais comuns de representação de ideias e conceitos em matemática estão os materiais conhecidos como **manipulativos** ou **concretos**.

Desde sua idealização, esses materiais têm sido discutidos e muitas têm sido as justificativas para sua utilização no ensino de matemática. Vamos, então, procurar relacionar os argumentos do passado, que deram origem aos materiais manipulativos na escola, com sua significação para o ensino hoje.

A criança aprende o que faz sentido para ela

No passado, dizia-se que os materiais facilitariam a aprendizagem por estarem próximos da realidade da criança. Atualmente, uma das justificativas comumente usadas para o trabalho com materiais didáticos nas aulas de matemática é a de que tal recurso torna o processo de aprendizagem significativo.

Ao considerar sobre o que seja aprendizagem significativa, Coll (1995) afirma que, normalmente, insistimos em que apenas as aprendizagens significativas conseguem promover o desenvolvimento pessoal dos alunos e valorizamos as propostas didáticas e as atividades de aprendizagem em função da sua maior ou menor potencialidade para promover aprendizagens significativas.

Os pressupostos da aprendizagem significativa são:

- o aluno é o verdadeiro agente e responsável último por seu próprio processo de aprendizagem;
- a aprendizagem dá-se por descobrimento ou reinvenção;
- a atividade exploratória é um poderoso instrumento para a aquisição de novos conhecimentos porque a motivação para explorar, descobrir e aprender está presente em todas as pessoas de modo natural.

No entanto, Coll (1995) alerta para o fato de que não basta a exploração para que se efetive a aprendizagem significativa. Para esse pesquisador, construir conhecimento e formar conceitos significa compartilhar significados, e isso é um processo fortemente impregnado e orientado pelas formas culturais. Dessa forma, os significados que o aluno constrói são o resultado do trabalho do próprio aluno, sem dúvida, mas também dos conteúdos de aprendizagem e da ação do professor.

Assim é que de nada valem materiais didáticos na sala de aula se eles não estiverem atrelados a objetivos bem claros e se seu uso ficar restrito apenas à manipulação ou ao manuseio que o aluno quiser fazer dele.

Os materiais são concretos para o aluno

A segunda justificativa que costumamos encontrar para o uso dos materiais é a de que, por serem manipuláveis, são concretos para o aluno.

Alguns pesquisadores, ao analisar o uso de materiais concretos e jogos no ensino da matemática, dentre eles Miorim e Fiorentini (1990), alertam para o fato de que, a despeito do interesse e da utilidade que os professores veem em tais recursos, o concreto para a criança não significa necessariamente materiais manipulativos. Encontramos em Machado (1990, p. 46) a seguinte observação a respeito do termo "concreto":

> Em seu uso mais frequente, ele se refere a algo material manipulável, visível ou palpável. Quando, por exemplo, recomenda-se a

utilização do material concreto nas aulas de matemática, é quase sempre este o sentido atribuído ao termo concreto. Sem dúvida, a dimensão material é uma importante componente da noção de concreto, embora não esgote o seu sentido. Há uma outra dimensão do concreto igualmente importante, apesar de bem menos ressaltada: trata-se de seu conteúdo de significações.

Como é possível ver, é muito relativo dizer que "materiais concretos" significam melhor aprendizagem, pois manipular um material não é sinônimo de concretude quanto a fazer sentido para o aluno, nem garantia de que ele construa significados. Pois, como disse Machado (1990), o concreto, para poder ser assim designado, deve estar repleto de significações.

De fato, qualquer recurso didático deve servir para que os alunos aprofundem e ampliem os significados que constroem mediante sua participação nas atividades de aprendizagem. Mas são os processos de pensamento do aluno que permitem a mediação entre os procedimentos didáticos e os resultados da aprendizagem.

Os materiais manipulativos são representações de ideias matemáticas

Desde sua origem, os materiais são pensados e construídos para realizar com objetos aquilo que deve corresponder a ideias ou propriedades que se deseja ensinar aos alunos. Assim, os materiais podem ser entendidos como representações materializadas de ideias e propriedades. Nesse sentido, encontramos em Lévy (1993) que a simulação desempenha um importante papel na tarefa de compreender e dar significado a uma ideia, correspondendo às etapas da atividade intelectual anteriores à exposição racional, ou seja, anteriores à conscientização. Algumas dessas etapas são a imaginação, a bricolagem mental, as tentativas e os erros, que se revelam fundamentais no processo de aprendizagem da matemática.

Para o referido autor, a simulação não é entendida como a ação desvinculada da realidade do saber ou da relação com o mundo, mas antes um aumento de poderes da imaginação e da intuição. Nas situações de ensino com materiais, a simulação permite que o aluno formule hipóteses, inferências, observe regularidades, ou seja, participe e atue em um processo de investigação que o auxilia a desenvolver noções significativamente, ou seja, de maneira refletida.

Um fato importante a destacar é que o caráter dinâmico e refletido esperado com o uso do material pelo aluno não vem de uma única vez, mas é construído e modificado no decorrer das atividades de aprendizagem. Além disso, toda a complexa rede comunicativa que se estabelece entre os participantes, alunos e professor, intervém no sentido que os alunos conseguem atribuir à tarefa proposta com um material didático.

Uma vez que a compreensão matemática pode ser definida como a habilidade para representar uma ideia matemática de múltiplas maneiras e fazer conexões entre as diferentes representações dessa ideia, os materiais são uma das representações que podem auxiliar na construção dessa rede de significados para cada noção matemática.

Os materiais manipulativos permitem aprender matemática

De certa forma, essa razão bastante difundida de que os materiais permitem melhor aprendizagem em matemática foi em parte explicada anteriormente, quando enfatizamos que a forma como as atividades são propostas e as interações do aluno com o material é que permitem que, pela reflexão, ele se apoie na vivência para aprender.

No entanto, a linguagem matemática também se desenvolve quando são utilizados os materiais manipulativos, isso porque os alunos naturalmente verbalizam e discutem suas ideias enquanto trabalham com o material.

Não há dúvida de que, ao refletir sobre as situações colocadas e discutir com seus pares, a criança estabelece uma negociação entre diferentes significados de uma mesma noção. O processo de negociação solicita a linguagem e os termos matemáticos apresentados pelo material. É pela linguagem que o aluno faz a transposição entre as representações implícitas no material e as ideias matemáticas, permitindo que ele possa elaborar raciocínios mais complexos do que aqueles presentes na ação com os objetos do material manipulativo. Pela comunicação falada e escrita se estabelece a mediação entre as representações dos objetos concretos e as das ideias.

Os alunos estarão se comunicando sobre matemática quando as atividades propostas a eles forem oportunidades para representar conceitos de diferentes formas e para discutir como as diferentes representações refletem o mesmo conceito. Por todas essas características das atividades com materiais, o trabalho em grupo é elemento essencial na prática de ensino com o uso de materiais manipulativos.

Concluindo, de acordo com Smole (1996, p. 172):

> Dadas as considerações feitas até aqui, acreditamos que os materiais didáticos podem ser úteis se provocarem a reflexão por parte das crianças de modo que elas possam criar significados para ações que realizam com eles. Como afirma Carraher (1988), não é o uso específico do material com os alunos o mais importante para a construção do conhecimento matemático, mas a conjunção entre o significado que a situação na qual ele aparece tem para a criança, as suas ações sobre o material e as reflexões que faz sobre tais ações.

A prática para o uso de materiais manipulativos

Como foi apresentado anteriormente, a forma como as atividades envolvendo materiais manipulativos são trabalhadas em aula é decisiva para que eles auxiliem os alunos a aprender matemática.

Segundo Smole (1996, p. 173):

> Um material pode ser utilizado tanto porque a partir dele podemos desenvolver novos tópicos ou ideias matemáticas, quanto para dar oportunidade ao aluno de aplicar conhecimentos que ele já possui num outro contexto, mais complexo ou desafiador. O ideal é que haja um objetivo para ser desenvolvido, embasando e dando suporte ao uso. Também é importante que sejam colocados problemas a serem explorados oralmente com as crianças, ou para que elas em grupo façam uma "investigação" sobre eles. Achamos ainda interessante que, refletindo sobre a atividade, as crianças troquem impressões e façam registros individuais e coletivos.

Isso significa que as atividades devem conter boas perguntas, ou seja, que constituam boas situações-problema que permitam ao aluno ter seu olhar orientado para os objetivos a que o material se propõe.

Mas a seleção de um material para a sala de aula deve promover também o envolvimento do aluno não apenas com as noções matemáticas, mas com o lúdico que o material pode proporcionar e com os desafios que as atividades apresentam ao aluno.

Lembramos mais uma vez que, como recurso para a aprendizagem, os materiais didáticos manipulativos não são um fim em si mesmos. Eles apoiam a atividade que tem como objetivo levar o aluno a construir uma ideia ou um procedimento pela reflexão.

Alguns materiais manipulativos: cartas especiais, geoplano, cubos coloridos, sólidos geométricos, frações circulares, ábaco, mosaico e fichas sobrepostas.

Nossa proposta

Em todo o texto apresentado até aqui, duas perspectivas metodológicas formam a base do projeto dos materiais manipulativos para aprender matemática: a utilização dos recursos de **comunicação** e a proposição de **situações-problema**.

Elas se aliam e se revelam, neste texto, na descrição das etapas de cada atividade ou jogo. São sugeridos os encaminhamentos da atividade na forma de questões a serem propostas aos alunos antes, durante e após a atividade propriamente dita, assim como a melhor forma de apresentação do material.

É muito importante destacar a ênfase nos recursos de **comunicação**, ou seja, os alunos são estimulados a falar, escrever ou desenhar para, nessas ações, concretizarem a reflexão tão almejada nas atividades. Isso se justifica porque, ao tentar se comunicar, o aluno precisa organizar o pensamento, perceber o que não entendeu, confrontar-se com opiniões diferentes da sua, posicionar-se, ou seja, refletir para aprender.

Em várias atividades é solicitado aos alunos que exponham suas produções em painéis, murais, varais ou, até mesmo, no *site* da escola, quando ele existir. Isso permite a cada aluno conhecer outras percepções e representações da mesma atividade, além de buscar aperfeiçoar seu registro em função de ter leitores diversos e tão ou mais críticos do que ele próprio, para comunicar bem o que foi realizado ou pensado.

Diversas formas de registro são propostas ao longo das atividades, com diversidade de formas e explicações sobre como os alunos devem se organizar. Muitas vezes, são propostas **rodas de conversa** para que os alunos troquem entre si suas descobertas e aprendizagens. Assim, também é sugerido o que chamamos de **painel de soluções**, na forma de mural na classe ou fora dela, ou simplesmente no quadro, no qual os alunos apresentam diversas resoluções de uma situação e são solicitados a falar sobre elas e apreciar outras formas de resolver uma situação ou interpretar uma propriedade estudada.

Da experiência junto a alunos nas aulas de matemática e dos estudos teóricos desenvolvidos, um caminho bastante interessante é o de aliar o uso desses materiais à perspectiva metodológica da resolução de problemas. Ou seja, é pela problematização ou por meio de boas perguntas que o aluno compreende relações, estabelece sentidos e conhecimentos a partir da ação com algum material que representa de forma concreta uma noção, um conceito, uma propriedade ou um procedimento matemático.

As atividades propostas no capítulo 3 exemplificam o sentido da problematização, que é sempre orientada pelos objetivos que se quer alcançar com a atividade. Assim, planejamento é essencial, pois é o estabelecimento claro de objetivos que permitem perguntas adequadas e avaliação coerente.

Mas isso não é o suficiente; a aprendizagem requer sistematização, momentos de autoavaliação do aluno no sentido de tornar consciente o que foi aprendido e o que falta aprender; por isso, propomos que, além da problematização, os recursos da comunicação estejam presentes nas atividades com os materiais.

A oralidade e a escrita são aliadas que permitem ao aluno consolidar para si o que está sendo aprendido e, por isso, propomos mais dois recursos para complementar as atividades com os materiais manipulativos: a **produção de textos** pelo aluno e o **painel de soluções**.

Produção de textos pelo aluno

De acordo com Cândido (2001, p. 23), a escrita na forma de texto, desenhos, esquemas, listas constitui um recurso que possui duas características importantes:

> A primeira delas é que a escrita auxilia o resgate da memória, uma vez que muitas discussões orais poderiam ficar perdidas sem o registro em forma de texto. Por exemplo, quando o aluno precisa escrever sobre uma atividade, uma descoberta ou uma ideia, ele pode retornar a essa anotação quando e quantas vezes achar necessário.
>
> A segunda característica do registro escrito é a possibilidade da comunicação à distância no espaço e no tempo e, assim, de troca de informações e descobertas com pessoas que, muitas vezes, nem conhecemos. Enquanto a oralidade e o desenho restringem-se àquelas pessoas que estavam presentes no momento da atividade, ou que tiveram acesso ao autor de um desenho para elucidar incompreensões de interpretação, o texto escrito amplia o número de leitores para a produção feita.

O objetivo da produção do texto é que determina como e quando ele será solicitado ao aluno.

A produção pode ser individual, coletiva ou em grupo, dependendo da dificuldade da atividade, do que os alunos sabem ou precisam saber e dos objetivos da produção.

Ao propor a produção do texto ao final de uma atividade com um material didático, o professor pode perceber em quais aspectos da atividade os alunos apresentam mais incompreensões, em que pontos avançaram, se o que era essencial foi compreendido, que intervenções precisará fazer.

Antes de iniciar um novo tema com o auxílio de determinado material didático, o professor pode investigar o que o aluno já sabe para poder organizar as ações docentes de modo a retomar incompreensões, imprecisões ou ideias distorcidas referentes a um assunto e, ao mesmo tempo, avaliar quais avanços podem ser feitos. Esse registro pode ser revisto pelo aluno, que poderá incluir, após o final da unidade didática, suas aprendizagens, seus avanços, comparando com a primeira versão do texto.

Para uma sistematização das noções, a produção de textos pode ser proposta ao final da unidade didática, com a produção de uma síntese, um resumo, um parecer sobre o tema desenvolvido, no qual apareçam as ideias centrais do que foi estudado e compreendido.

Auto-Avaliação - sobre prismas e pirâmides.

Já vsei que os prismas e as pirâmides são sólidos geométricos, não rolam, os prismas tem faces planas e paralelas, as pirâmides tem faces laterais triângulares.

Na sala de aula, aprendi muitas coisas com os prismas e as pirâmides, fiz um trabalho em grupo que o objetivo era para montar 3 prismas diferentes, um cubo de palitos e massa de modelar, outro só de massa de modelar e outro de papel. E um outro trabalho que fiz foi para separar os sólidos em 2 grupos e explicar como separou.

Uma dica para contar as faces, vértices e arestas é sempre deixar o sólido de pé, porque se deixá-la deitada você vai se confundir com o número de faces vértices e arestas.

As partes do sólido são as faces, os vértices e as arestas, que são muito importantes em algumas atividades de Matemática.

Enfim, eu adorei aprender muitas coisas sobre os prismas e sobre as pirâmides. Os prismas são os cubos, paralelepípedo. As pirâmides são, a pirâmide de base quadrada, pirâmide de base hexagonal.

Texto produzido por aluna de 4º ano como autoavaliação sobre prismas e pirâmides.

Ao produzir esses textos, os alunos devem ir percebendo seu caráter de fechamento, a importância de apresentar informações precisas, incluir as ideias centrais, representativas do que ele está estudando.

Para o aluno, a produção de texto tem sempre a função de: organizar a aprendizagem; fazer refletir sobre o que aprendeu; construir a memória da aprendizagem; propiciar uma autoavaliação; desenvolver habilidades de escrita e de leitura.

Nessa perspectiva, enquanto o aluno adquire procedimentos de comunicação e conhecimentos matemáticos, é natural que a linguagem matemática seja desenvolvida.

As primeiras propostas de textos devem ser mais simples, mas devem servir para resumir ou organizar as ideias de uma aula. Bilhetes, listas, rimas, problemas são exemplos de tipos de textos que podem ser propostos aos alunos.

Depois de analisadas e discutidas (ver **Painel de soluções**, a seguir), é recomendável que essas produções sejam arquivadas pelo aluno em cadernos, pastas e livros individuais, em grupo ou da classe.

O importante é que essas produções de algum modo sejam guardadas para serem utilizadas sempre que preciso. Isso garante autoria, faz com que os alunos ganhem memória sobre sua aprendizagem, valorizem as produções pessoais e percebam que o conhecimento em matemática é um processo vivo, dinâmico, do qual eles também participam.

Painel de soluções

Na produção individual ou em duplas de desenhos, textos e, muito especialmente, no registro das atividades e na resolução de problemas, os alunos podem aprender com maior significado e avançar em sua forma de escrever ou desenhar se suas produções são expostas e analisadas no coletivo do grupo classe.

O **painel de soluções**, na forma de um mural ou espaço em uma parede da sala, ou ainda como um varal, é o local onde são expostas todas as produções dos alunos. Eles, em roda em torno desse mural, são convidados a ler os registros de colegas, e alguns deles convidados a falar sobre suas produções. É importante que tanto registros adequados quanto aqueles que estão confusos ou incompletos sejam lidos pelo grupo ou explicados por seu autor, num ambiente em que todos podem falar e ser ouvidos; cada aluno pode aprender com o outro e ampliar seu repertório de formas de registro.

Para Cavalcanti (2001, p. 137):

> Mesmo que algumas estratégias não estejam completamente corretas, é importante que elas também sejam afixadas para que, através da discussão, os alunos percebam que erraram e como é possível avançar. A própria classe pode apontar caminhos para que os colegas sintam-se incentivados a prosseguir.

Esse material deve ficar visível e ser acessível a todos por um tempo determinado pelo professor, em função do interesse dos alunos e das contribuições que ele pode trazer àqueles que ainda têm dificuldade para registrar o que pensam ou de como passar para o papel a forma como realizaram ou resolveram determinada situação.

Com o painel, há o exercício da oralidade quando cada aluno precisa apresentar sua resolução. O autor de cada produção precisa argumentar a favor ou contra uma forma de registro ou resposta, convencendo ou sendo convencido da validade do que pensou e produziu.

De acordo com Quaranta e Wolman (2006), a discussão em sala de aula a partir de uma mesma atividade pensada por todos os alunos e com mediação do professor tem como finalidade que o aluno tente compreender procedimentos e formas de pensar de outros, compare diferentes formas de resolução, analise a eficácia de procedimentos realizados por ele mesmo e adquira repertório de ideias para outras situações.

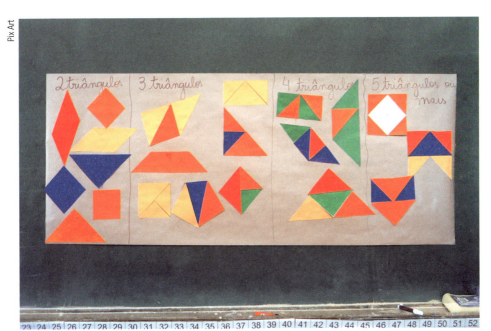

Exemplo de painel com soluções dos alunos para a formação de figuras com diferentes quantidades de triângulos do Tangram.

É muito importante que a discussão a partir do painel seja feita desde que todos os alunos tenham trabalhado com a mesma atividade, de modo que possam contribuir com suas ideias e dúvidas e nenhum deles fique para trás nesse momento de aprendizagem colaborativa.

Uma palavra sobre jogos

Os jogos são importantes recursos para favorecer a aprendizagem de matemática. Nesta Coleção, eles aparecem junto com um dos materiais manipulativos ou com apoio da calculadora.

Existem muitas concepções de jogo, mas nos restringiremos a uma delas, os chamados jogos de regras, descritos por vários pesquisadores, entre eles Kamii e DeVries (1991), Kishimoto (2000) e Krulic e Rudnick (1983).

As características dos jogos de regras são:
- O jogo deve ser para dois ou mais jogadores; portanto, é uma atividade que os alunos realizam juntos.
- O jogo tem um objetivo a ser alcançado pelos jogadores, ou seja, ao final deve haver um vencedor.
- A violação das regras representa uma falta.
- Havendo o desejo de fazer alterações, isso deve ser discutido com todo o grupo. No caso de concordância geral, podem ser feitas alterações nas regras, o que gera um novo jogo.

- No jogo deve haver a possibilidade de usar estratégias, estabelecer planos, executar jogadas e avaliar a eficácia desses elementos nos resultados obtidos.

Os jogos de regras podem ser entendidos como situações-problema, pois, a cada movimento, os jogadores precisam avaliar as situações, utilizar seus conhecimentos para planejar a melhor jogada, executar a jogada e avaliar sua eficiência para vencer ou obter melhores resultados.

No processo de jogar, os alunos resolvem muitos problemas e adquirem novos conhecimentos e habilidades. Investigar, decidir, levantar e checar hipóteses são algumas das habilidades de raciocínio lógico solicitadas a cada jogada, pois, quando se modificam as condições do jogo, o jogador tem que analisar novamente toda a situação e decidir o que fazer para vencer.

Os jogos permitem ainda a descoberta de alguma regularidade, quando aos alunos é solicitado que identifiquem o que se repete nos resultados de jogadas e busquem descobrir por que isso acontece. Por fim, os jogos têm ainda a propriedade de substituir com grande vantagem atividades repetitivas para fixação de alguma propriedade numérica, das operações, ou de propriedades de figuras geométricas.

Nesta Coleção, com o objetivo de potencializar a aprendizagem, aliamos os jogos à resolução de problemas e aos registros escritos ou orais dos alunos. Por esse motivo, na descrição das atividades no capítulo 3, os jogos são descritos da mesma forma que as demais atividades com os materiais manipulativos.

Sugerimos ainda que os parceiros de jogo sejam mantidos no desenvolvimento das diversas etapas propostas para cada jogo, para que os alunos não precisem se adaptar ao colega de jogo a cada partida. Para evitar a competitividade excessiva, você pode organizar o jogo de modo que duplas joguem contra duplas, para que não haja vencedor, mas dupla vencedora, e organizar as duplas de modo que não se cristalizem papéis de vencedor nem de perdedor.

Para terminar

O ensino de matemática no qual os alunos aprendem pela construção de significados pode ter como aliado o recurso aos materiais manipulativos, desde que as atividades propostas permitam a reflexão por meio de boas perguntas e pelo registro oral ou escrito das aprendizagens.

Como aliados do ensino, os materiais manipulativos devem ser abandonados pelo aluno na medida em que ele aprende. Embora sejam possibilidades mais concretas e estruturadas de representação de conceitos ou procedimentos, os materiais não podem ser confundidos com os conceitos e as técnicas; estes são aquisições do aluno, pertencem ao seu domínio de conhecimento, à sua cognição. Daí a importância de que as ideias ganhem sentido para o aluno além do manuseio com o material; a problematização e a sistematização pela oralidade ou pela escrita são essenciais para que isso aconteça.

De acordo com Ribeiro (2003), observou-se que alunos bem-sucedidos na aprendizagem possuíam capacidades cognitivas que lhes permitiam compreender a finalidade da tarefa, planejar sua realização, aplicar e alterar conscientemente estratégias de estudo e avaliar seu próprio processo durante a execução. Isso é o que chamamos de competências metacognitivas bem desenvolvidas. Foi também demonstrado que essas competências influenciam áreas fundamentais da aprendizagem escolar, como a comunicação e a compreensão oral e escrita e a resolução de problemas.

Ou seja, durante o processo de discussão e resolução de situações-problema, o aluno é incentivado a desenvolver sua metacognição ao reconhecer a dificuldade na sua compreensão de uma tarefa, ou tornar-se consciente de que não compreendeu algo. Saber avaliar suas dificuldades e/ou ausências de conhecimento permite ao aluno superá-las, recorrendo, muitas vezes, a inferências a partir daquilo que sabe.

Brown (apud Ribeiro, 2003, p. 110) chama a atenção para "a importância do conhecimento, não só sobre aquilo que se sabe, mas também sobre aquilo que não se sabe, evitando assim o que designa de ignorância secundária – não saber que não se sabe". O fato de os alunos poderem controlar e gerir seus próprios processos cognitivos exerce influência sobre sua motivação, uma vez que ganham confiança em suas próprias capacidades.

Nesse sentido, os recursos da comunicação vêm para potencializar o processo de aprender. Isto é, de acordo com Ribeiro (2003, p. 110):

> [...] o conhecimento que o aluno possui sobre o que sabe e o que desconhece acerca do seu conhecimento e dos seus processos parece ser fundamental, por um lado, para o entendimento da utilização de estratégias de estudo, pois presume-se que tal conhecimento auxilia o sujeito a decidir quando e que estratégias utilizar e, por outro, ou consequentemente, para a melhoria do desempenho escolar.

Assim, a contribuição dessa proposta de ensino é que o processo de reflexão, a que se referem os teóricos apresentados no início deste texto, se concretize em ações de ensino com possibilidade de desenvolver também atitudes valiosas, como a confiança do aluno em sua forma de pensar e a abertura para entender e aceitar formas de pensar diversas da sua. Na tomada de consciência de suas capacidades e faltas, o aluno caminha para o desenvolvimento do pensar autônomo.

Materiais didáticos manipulativos para o ensino das quatro Operações Básicas

As operações aritméticas básicas

Os números e as operações ocupam boa parte dos currículos e do tempo das aulas de matemática nos anos iniciais do Ensino Fundamental. E saber se os alunos estão avançando em relação a esses conteúdos é muitas vezes confundido com o fato de eles saberem ou não fazer contas. No entanto, como pretendemos mostrar neste texto, muitos são os conceitos e procedimentos envolvidos na efetiva aprendizagem dos números e das operações.

O Sistema de Numeração Decimal (SND) é apontado nas diretrizes oficiais para o ensino brasileiro – Parâmetros Curriculares Nacionais (PCNs, 1997) – como um relevante aspecto para a compreensão das quatro operações básicas, e o entendimento das regras que regem esse sistema necessariamente deve ser desenvolvido ao longo do Ensino Fundamental. Por sua vez, a aprendizagem das operações aritméticas permite que os alunos avancem na sua compreensão sobre o Sistema de Numeração Decimal, uma vez que cada uma das técnicas operatórias recorre a alguma propriedade de composição ou decomposição dos números nas ordens do sistema de numeração.

Compreender e utilizar as operações depende da proposição de situações-problema que sejam significativas para os alunos, e que eles, ao tentar solucioná-las, possam criar seus próprios procedimentos para calcular. Nesse processo pessoal de busca por formas diversas de cálculo, a organização do Sistema de Numeração Decimal é aprendida pelo aluno.

O Sistema de Numeração Decimal possui algumas relações que as crianças não descobrem facilmente. Não é algo que possa ser transmitido por simples informação, mas um tipo de conhecimento que passa por um processo para ser construído, com o objetivo de compreender os algoritmos usados convencionalmente.

Em sua pesquisa, Kamii, Lewis e Livingstone (1993) já afirmavam que, quando as crianças inventam seus métodos de cálculo, elas não desistem de seus próprios raciocínios; seu entendimento do valor posicional na escrita numérica é fortalecido em vez de enfraquecido por algoritmos; e elas desenvolvem melhor seu sentido numérico.

Ao resolver um problema e explicitar os procedimentos pessoais de cálculo utilizados, as crianças revelam e ampliam o seu conhecimento sobre o sistema, compreendendo melhor a organização decimal. Por exemplo, ao solucionar problemas em que é preciso calcular o resultado de 752 + 169, crianças que buscam procedimentos pessoais para resolver a operação verbalizam "setecentos mais cem são oitocentos; cinquenta mais sessenta são cento e dez; oitocentos mais cento e dez são novecentos e dez; mais onze são novecentos e vinte e um".

Em suas investigações com crianças, as três pesquisadoras citadas anteriormente verificaram que as crianças que ficavam "presas" ao algoritmo somavam os algarismos do número, sem considerar o valor posicional de cada um deles, pensando em cada coluna separadamente. Nesse caso, a criança falava: "nove mais dois são onze; escrevo um e o outro um sobe para a coluna do meio. Seis mais cinco são onze, mais o um que subiu são doze; escrevo o dois e vai um. Sete mais um são oito, mais um que subiu são nove".

Para Kamii e Livingstone (1995, p. 62) "[...] isto significa que, além de um conhecimento inadequado do valor posicional, os algoritmos estavam servindo para fortalecer uma ideia mecânica de colunas isoladas". Além disso, as crianças não pensavam no número como um todo, utilizando-se da estimativa para calcular o resultado aproximado. Elas pensavam nas colunas separadamente, dificultando a percepção do erro, mesmo quando suas respostas estavam absurdamente erradas.

Moreno (2008, p. 72) ressalta que "[...] se as crianças não tiverem contato com portadores de informação que lhes permitam refletir sobre as particularidades dos números, não conseguirão descobrir as propriedades neles implícitas".

Crianças que entendem o sistema de numeração podem ainda utilizar-se da decomposição nas ordens e calcular mentalmente ou de forma mais rápida. Isso pode ser observado no exemplo da adição:

$$367 + 145 = 300 + 60 + 7 + 100 + 40 + 5 = 300 + 100 + 60 + 40 + 10 + 2 =$$
$$510 + 2 = 512$$

Podem também generalizar um fato conhecido para outras ordens do sistema decimal, usando a expressão "se... então". Por exemplo, justificar a operação 50 + 20 assim: se 5 + 2 = 7, então 50 + 20 = 70.

Ao registrar a maneira como resolveram a operação, os alunos tornam visíveis todo o seu raciocínio e os procedimentos utilizados, além de ser possível comparar suas anotações com as de outras crianças.

Pela confrontação de procedimentos, a criança, além de poder entender os procedimentos utilizados pelos colegas e apropriar-se deles, aumentando assim o seu repertório, pode também estabelecer relações entre os procedimentos distintos e aproximá-los entre si, apresentando maior compreensão da natureza do sistema de numeração.

Lerner e Sadovsky (2008, p. 143) justificam que "[...] a busca de procedimentos para resolver operações não é só uma aplicação do que as crianças já sabem do sistema, mas também a origem de novos conhecimentos a respeito das regras que regem a numeração escrita". De fato, Lerner e Sadovsky (2008, p. 148) defendem que:

> Refletir a respeito da vinculação entre as operações aritméticas e o sistema de numeração conduz a formular "leis" cujo conhecimento permitirá elaborar procedimentos mais econômicos, além de indagar-se pelas razões destas regularidades, buscar respostas na organização do sistema, começar a desvendar aquilo que está mais oculto na numeração escrita.

O professor pode utilizar muitos recursos para instigar nos alunos a reflexão e a discussão sobre o Sistema de Numeração Decimal e as operações básicas, dentre eles alguns materiais estruturados e a calculadora.

A seguir, apresentaremos atividades envolvendo alguns materiais manipulativos e a calculadora, especialmente estruturados para que os alunos possam desenvolver seus procedimentos próprios de cálculo, compreender as propriedades do sistema de numeração e das operações e avançar na compreensão dos algoritmos convencionais das operações básicas.

Os materiais específicos para desenvolver a compreensão de Operações que serão apresentados neste texto são:

Ábaco
de pinos

Cartas
especiais

Fichas
sobrepostas

Calculadora
(Apêndice)

Atividades de Operações Básicas com materiais didáticos manipulativos

Em todo o texto apresentado até aqui, duas perspectivas metodológicas formam a base do projeto dos materiais manipulativos para aprender matemática: a utilização dos recursos de **comunicação** e a proposição de **situações-problema**.

Elas se aliam e se revelam, neste texto, na descrição das etapas de cada atividade ou jogo. São sugeridos os encaminhamentos da atividade na forma de questões a serem propostas aos alunos antes, durante e após a atividade propriamente dita, assim como a melhor forma de apresentação do material.

Para começar, é importante que os alunos tenham a oportunidade de manusear o material livremente para que algumas noções comecem a emergir da exploração inicial, para que depois, na condução da atividade, as relações percebidas possam ser sistematizadas.

De modo geral, cada **sequência de atividades** apresenta as seguintes partes:

- **Conteúdo**
- **Objetivos**
- **Organização da classe** (sob a forma de ícone)
- **Recursos**
- **Descrição das etapas**
- **Atividades**
- **Respostas**

Em cada sequência, a organização da classe é indicada por meio de ícones, que aparecem ao lado do item "Conteúdo". Os ícones utilizados são os seguintes:

Individual   Dupla   Trio   Quarteto   Grupo de cinco

Quando houver mais de uma forma de organização dos alunos, isso é indicado por mais de um ícone.

Cada uma das sequências de atividades propõe na descrição das etapas uma série de procedimentos para o ensino e para a organização dos alunos e dos materiais, de modo a assegurar que os objetivos sejam alcançados.

O texto que descreve as etapas de cada sequência foi escrito para ser uma conversa com o professor e visa explicitar nossa proposta de uso de cada material. Nas etapas estão detalhadas a organização da classe, a forma como idealizamos a apresentação do material aos alunos, as questões que podem orientar o olhar deles para o que queremos ensinar, as atividades que serão propostas a todos de forma escrita ou oral, a proposição de painéis ou rodas de discussão, o que se espera como registro dos alunos e orientações para avaliação da aprendizagem.

Durante a descrição das etapas, muitas vezes o texto é interrompido por uma seção chamada **Fique atento!**, na qual se destaca alguma propriedade matemática que o professor deve conhecer para melhor encaminhar a atividade, ou então se enfatiza alguma questão metodológica importante para a compreensão da forma como a atividade está proposta no texto.

Depois da descrição das etapas, vêm as atividades referentes ao tema ou procedimento tratado, seguidas das respectivas respostas. Há, no entanto, casos em que essa ordem é invertida: as respostas aparecem antes das atividades. Essa inversão é feita para que as atividades pudessem ser agrupadas numa página em separado, a fim de possibilitar ao professor reproduzi-la e distribuí-la para os alunos. As atividades em que isso ocorre são aquelas que apresentam tabelas ou algum elemento gráfico, como figuras, que dificultariam a sua transcrição no quadro pelo professor e, principalmente, a sua transcrição no caderno pelo aluno. Todas as atividades do livro estão disponíveis para *download*, como indicado pelo ícone ao lado. Para baixá-las, em www.grupoa.com.br, acesse a página do livro por meio do campo de busca e clique em Área do Professor.

Cabe agora ao professor refletir sobre seu planejamento para determinar quando e como utilizar os materiais manipulativos, assim como qual é o momento em que eles devem ser abandonados. É pela avaliação constante das aprendizagens dos alunos e de suas observações em cada atividade que essas decisões podem ser tomadas de forma mais adequada e eficiente.

Ábaco de pinos

O ábaco é a mais antiga máquina de calcular construída pelo ser humano. Conhecido desde a Antiguidade pelos egípcios, chineses e etruscos, era formado por estacas fixas verticalmente no solo ou em uma base de madeira. Em cada estaca eram colocados pedaços de ossos ou de metal, pedras, conchas para representar quantidades. O valor de cada peça dependia da estaca onde era colocada.

Para as atividades deste bloco propomos a construção de um ábaco composto de pinos nos quais são colocadas argolas ou contas; o valor depende do pino onde as contas são colocadas. Da direita para a esquerda, os pinos representam as ordens das unidades, dezenas, centenas e unidades de milhar.

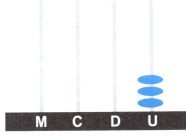

3 unidades

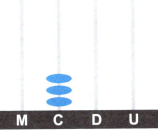

3 centenas = 300 unidades

O ábaco, além de ser um recurso para representar quantidades em um modelo que enfatiza as ordens na escrita de números no Sistema de Numeração Decimal, permite representar cálculos de adição e de subtração. O ábaco reproduz com facilidade os agrupamentos presentes na adição e os recursos necessários em uma subtração, permitindo ao aluno perceber as relações presentes nos cálculos convencionais dessas operações.

Ábaco de pinos

A partir do 4º ano, as atividades passam a envolver também os números racionais decimais, sua leitura e escrita, e a comparação e as operações de adição e subtração com esses números. No volume 1 desta coleção, o ábaco foi apresentado como recurso para a compreensão do Sistema de Numeração Decimal. As atividades sobre a representação de quantidades no ábaco podem ser consultadas no volume 1 e propostas antes das atividades para as operações.

Neste volume, os objetivos principais das atividades são:
- Retomar e aprofundar as propriedades e regularidades do Sistema de Numeração Decimal.
- Compreender a estrutura dos algoritmos convencionais para a adição e a subtração.

O material

Existem ábacos feitos de madeira e com argolas de plástico que são comercializados. No entanto, esse material também pode ser produzido pelos alunos com recursos simples. O ideal é que cada aluno tenha seu ábaco para a realização das atividades, mas é possível trabalhar em duplas ou trios, desde que todos tenham a oportunidade de manusear o material.

Observe dois ábacos de madeira:

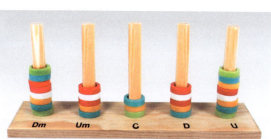

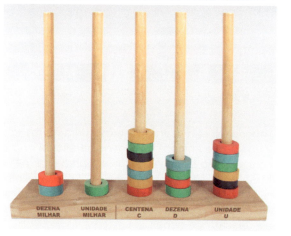

As ordens da dezena de milhar até as unidades representam números inteiros. A cor das argolas não é relevante, elas tanto podem ser de uma cor só como coloridas. O importante é a posição da argola nos pinos e não sua cor.

30 | Coleção Mathemoteca | Operações Básicas

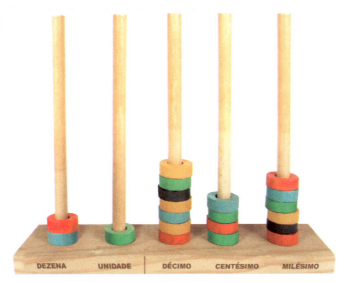

Para a representação de números decimais, neste ábaco as duas ordens da esquerda representam dezenas e unidades e foram separadas, por um traço que corresponde à vírgula, das ordens à direita, ou seja, dos décimos, centésimos e milésimos.

É possível fazer um ábaco com uma caixa de ovos e palitos para churrasco, mais simples que os ábacos de madeira. As argolas podem ser botões grandes, ganchos de cortina, macarrão em argola, tampinhas furadas...

Ábaco confeccionado com caixa de ovos e palitos para churrasco. Diversos outros materiais também podem ser usados para se produzir um ábaco.

Ábaco de pinos | 31

Ábaco de pinos

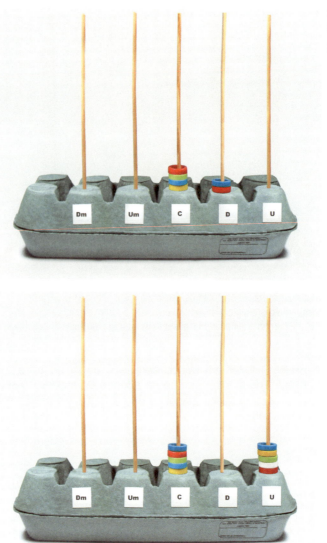

Nestes ábacos estão representados os números 420 e 505.

É interessante preencher a caixa de ovos com areia para que ela fique pesada e fixe melhor os palitos. Feche a caixa com fita adesiva para evitar que a areia caia.

1° 2° **3°** **4°** 5° ANO ESCOLAR

1 O ábaco e as adições

Conteúdo
- Adição

Objetivos
- Explorar o ábaco para realizar adições
- Identificar a necessidade de fazer trocas nas adições
- Perceber regularidades do Sistema de Numeração Decimal

Recursos
- Um ábaco por aluno, caderno, lápis e folha em branco

Descrição das etapas

- **Etapa 1**

Entregue um ábaco para cada aluno e peça a eles que se sentem em duplas, lado a lado. Proponha que façam as atividades, que se encontram mais à frente, na seção "Atividades". Observe se os alunos percebem que estão representando dois números distintos e depois adicionando os dois.
Os registros nos cadernos serão distintos entre os alunos, pois não será dado um modelo para esse registro. Aproveite essa diversidade e peça que alguns alunos registrem no quadro como representaram a adição. Deixe-os explicar aos colegas a forma como resolveram.

> **fique atento!**
>
> Alguns alunos ainda terão dificuldade em perceber que, por exemplo, no caso de 5 + 7, duas argolas ficam no pino das unidades e somente dez serão trocadas. Será necessário intervir sempre que os alunos quiserem trocar todas as doze argolas, não deixando nada no pino das unidades.

- **Etapa 2**

Entregue um ábaco e duas folhas em branco para cada dupla. Peça a eles que inventem dez adições da mesma forma que fizeram na Etapa 1, mas com números diferentes, e registrem em uma das folhas.
Na outra folha, eles devem colocar as respostas para as contas inventadas.
Após o término da lista, solicite às duplas que troquem suas listas e resolvam as contas inventadas pelos colegas. A folha de resposta elaborada deverá ser conferida pela dupla que está resolvendo as questões.

Ábaco de pinos | 33

Caso haja dúvidas na resposta obtida, proponha que as duas duplas conversem discutindo qual é a resposta para aquela adição.

Guarde as folhas das contas inventadas para a Etapa 3.

• Etapa 3

Entregue um ábaco e as folhas elaboradas na Etapa 2 para cada dupla. Peça aos alunos que sentem em quartetos formados pelas mesmas duplas da Etapa 2 que trocaram as folhas entre si. Entregue uma folha em branco para cada quarteto.

Peça agora que façam juntos uma lista das contas que acharam fáceis e outra das que acharam difíceis.

Promova uma discussão na classe das contas que eles acharam difíceis e peça-lhes que justifiquem a dificuldade encontrada naquela operação. Essa lista poderá ser consultada sempre que os alunos encontrarem dificuldade em uma adição.

Respostas

1. e **2.** $40 + 50 = 90$
3. e **4.** $300 + 700 = 1\,000$
5. $24 + 76 = 100$
$55 + 37 = 92$
$98 + 5 = 103$
$69 + 11 = 80$
$50 + 95 = 145$
$423 + 157 = 580$
$538 + 462 = 1\,000$

ATIVIDADES

1. Uma das crianças da dupla coloca 4 argolas no pino das dezenas em seu ábaco e a outra coloca 5 argolas no pino das dezenas de seu ábaco. Qual número foi representado por cada um de vocês? Registrem no caderno.
2. Juntem as argolas em um único ábaco. Foi necessário fazer troca? Qual o número formado? Registrem o resultado no caderno.
   Repitam com outro número:
3. Uma das crianças da dupla coloca 3 argolas no pino das centenas em seu ábaco e a outra coloca 7 argolas no pino das centenas em seu ábaco. Qual número foi representado por vocês? Registrem no caderno.
4. Juntem as argolas em um único ábaco. Foi necessário fazer troca? Qual o número formado? Registrem o resultado no caderno.
5. Continuem do mesmo modo para os números a seguir:

Aluno 1	Aluno 2
2 dezenas e 4 unidades	7 dezenas e 6 unidades
5 dezenas e 5 unidades	3 dezenas e 7 unidades
9 dezenas e 8 unidades	5 unidades
6 dezenas e 9 unidades	1 dezena e 1 unidade
5 dezenas	9 dezenas e 5 unidades
4 centenas, 2 dezenas e 3 unidades	1 centena, 5 dezenas e 7 unidades
5 centenas, 3 dezenas e 8 unidades	4 centenas, 6 dezenas e 2 unidades

Ábaco de pinos | 35

1° 2° **3°** 4° 5° | ANO ESCOLAR

2 Adicionando no ábaco

Conteúdo
- Adição

Objetivos
- Compreender o algoritmo da adição
- Explorar o ábaco para realizar adições
- Identificar a necessidade de fazer trocas nas adições
- Perceber regularidades do Sistema de Numeração Decimal

Recurso
- Um ábaco por aluno

Descrição das etapas

- **Etapa 1**

Entregue um ábaco para cada aluno e peça que se sentem em duplas, lado a lado. Peça que representem o número 209 e questione-os: "O que acontece quando você adiciona uma argola no pino das unidades?"; "O que acontece quando você adiciona uma argola no pino das dezenas?"; "O que acontece quando você adiciona uma argola no pino das centenas?"; "O que acontece quando você adiciona uma argola no pino das unidades de milhar?"
Refaça as mesmas perguntas com os seguintes números formados no ábaco: 394, 956, 899, 1 909, 999.
Promova a discussão sobre os números em que foi necessário apenas uma troca e sobre aqueles em que foi necessário mais de uma troca. Faça perguntas como: "Por que foi preciso fazer duas trocas quando ao número 899 foi acrescentada apenas uma argola no pino das unidades?". Deixe que as crianças expressem a resposta da maneira delas; isso lhe dará informações sobre o quanto elas estão compreendendo o Sistema de Numeração Decimal e o uso do material.

- **Etapa 2**

Entregue um ábaco para cada dupla. Peça aos alunos que formem o número 2 678 e questione-os: "Quantas argolas é preciso adicionar para fazer uma troca:
- no pino das unidades? Quanto valem essas argolas?
- no pino das dezenas? Quanto valem essas argolas?
- no pino das centenas? Quanto valem essas argolas?"
Registre com os alunos, no quadro, as trocas feitas:

Ábaco de pinos | 37

$$2678 + 2 = 2680$$
$$2678 + 30 = 2708$$
$$2678 + 400 = 3078$$

Repita a atividade com os números 3592, 7413 e 1234. Peça agora que, para cada uma das adições, um aluno registre no quadro a operação realizada.

> ### fique atento!
>
> Alguns alunos podem registrar $3592 + 1 = 3602$ porque puseram somente uma argola. Isso mostra a importância de ressaltar o valor daquela argola para que percebam que o registro correspondente é:
> $$3592 + 10 = 3602$$

- **Etapa 3**

Entregue um ábaco para cada dupla. Peça aos alunos que formem o número 3567 e questione-os sobre que número é preciso adicionar para atingir os números:
- 3570
- 3600
- 4000

Registre com eles, no quadro, as trocas feitas:
$$3567 + 3 = 3570$$
$$3567 + 33 = 3600$$
$$3567 + 433 = 4000$$

Nesta atividade, algumas crianças não adicionarão as argolas primeiro no pino das unidades. Deixe-os perceber que, dessa maneira, quando fizerem a troca das dez unidades por uma dezena, será preciso alterar novamente a quantidade de argolas na casa das dezenas. Deixe-os fazer essas descobertas e faça intervenções caso os alunos não consigam resolver o problema na dupla.

1° 2° **3°** **4°** 5° ANO ESCOLAR

3 Subtraindo no ábaco

Conteúdo
- Subtração sem recurso

Objetivos
- Explorar o ábaco para realizar subtrações
- Perceber as regularidades do Sistema de Numeração Decimal

Recursos
- Um ábaco por aluno, lápis, caderno, papel em branco e folha de atividades da p. 41

Descrição das etapas

fique atento!

Analise os números propostos nas etapas e na folha de atividades e, se achar necessário, troque-os por outros menores, com três algarismos apenas.

- **Etapa 1**

Entregue um ábaco a cada aluno e peça que se sentem em duplas, lado a lado. Peça aos alunos que representem o número 2 345 e questione-os: "O que acontece quando se tira(m):
- 1 argola do pino das unidades? Qual o resultado dessa subtração?
- 2 argolas do pino das dezenas? Qual o resultado dessa subtração?
- 3 argolas do pino das centenas? Qual o resultado dessa subtração?"

Repita essas perguntas com outros números formados no ábaco, por exemplo: 2 333, 5 555, 999, 3 456...
Peça-lhes que registrem as operações realizadas da forma como acharem melhor.

- **Etapa 2**

Faça o seguinte desenho no quadro:

Ábaco de pinos | 39

Converse com as crianças sobre qual era o número de argolas inicial. Pergunte a elas que número isso representava. Em seguida, questione-as sobre qual o número que representa as argolas riscadas. Peça, então, que elas identifiquem o número restante.
A cada resposta obtida, registre no quadro a operação: 4 444 − 3 212 = 1 232.
Entregue um ábaco para cada dupla e proponha que façam a atividade 1.
Depois que os alunos registrarem no caderno, peça a cada dupla que represente uma das subtrações no quadro, para que possam conferir suas respostas.

- **Etapa 3**

Entregue um ábaco e uma folha de papel em branco a cada dupla. Peça aos alunos que dividam a folha em quatro partes.
Em cada parte, a dupla deve desenhar o ábaco com uma subtração conforme o desenho da Etapa 2.
Ao terminar, todas as duplas devem colocar seus quatro desenhos em uma caixa ou em outro local combinado com você.
Avise-os que marcará 15 minutos para que eles façam as contas que conseguirem. Cada dupla deve pegar uma folha com o desenho de um colega, resolver no caderno e devolver no mesmo local antes de pegar a próxima.
Combine um sinal para o término do tempo. Ao finalizar, verifique qual dupla conseguiu resolver um grande número de contas.
Peça aos alunos que contem como pensaram para fazer as contas.
Faça uma lista com o grupo de dicas para ajudar a resolver contas de subtração. Deixe essa lista no mural. Os alunos poderão, posteriormente, sugerir mais dicas para acrescentar nessa lista.

Respostas

1. a) 476 − 232 = 244
   b) 938 − 536 = 402
   c) 865 − 545 = 320
   d) 768 − 468 = 300
   e) 2 837 − 1 526 = 1 311
   f) 4 936 − 3 820 = 1 116
   g) 6 526 − 3 026 = 3 500
   h) 8 793 − 3 631 = 5 162

ATIVIDADES

1. Resolva cada uma das operações a seguir conforme seu professor fez com vocês no quadro. Depois, escreva no caderno uma subtração para cada desenho.

a)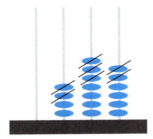

b)

c)

d)

e)

f)

g)

h)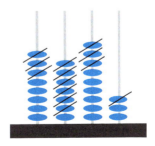

1º 2º **3º 4º 5º** ANO ESCOLAR

4 Ábaco – subtraindo com trocas

Conteúdo
- Subtração com recurso

Objetivos
- Compreender as subtrações com recurso
- Perceber as regularidades do Sistema de Numeração Decimal

Recurso
- Um ábaco por aluno

Descrição das etapas

- **Etapa 1**

Entregue um ábaco a cada aluno e peça-lhes que se sentem em duplas, lado a lado.
Peça aos alunos que representem o número 43.
Pergunte a eles como podemos fazer para subtrair 5 desse número usando o ábaco.
Converse com eles sobre a troca a ser feita e peça que sigam a orientação: Retire uma argola da casa das dezenas (relembre que ela vale 10 unidades). Coloque 10 argolas na casa das unidades.
Os alunos visualizam que a casa das unidades ficou com 13 argolas. Deixe-os perceber que agora é possível retirar 5 argolas da casa das unidades.

fique atento!

Alguns alunos terão dificuldade em perceber a troca efetuada; outros colocarão apenas duas argolas, que é o que falta para completar as cinco unidades que precisam retirar; outros ainda completarão o pino com dez argolas sem adicionar as três que já estão no pino das unidades.

Repita o procedimento, para outros números como os sugeridos a seguir, sempre discutindo a troca, retomando o valor da argola que será trocada e demonstrando que está colocando as dez argolas, correspondentes a uma dezena, no pino das unidades, além das que já estão nesse pino.

Sugestões de números	**Respostas**
a) 33 − 7 =	a) 26
b) 52 − 8 =	b) 44
c) 67 − 9 =	c) 58
d) 75 − 6 =	d) 69
e) 83 − 24 =	e) 59
f) 95 − 36 =	f) 59
g) 28 − 19 =	g) 9
h) 44 − 6 =	h) 38
i) 17 − 8 =	i) 9

- **Etapa 2**

Entregue um ábaco a cada aluno e peça que se sentem em duplas, lado a lado.

Peça aos alunos que representem o número 326. Pergunte a eles como podemos fazer para subtrair 30 desse número usando o ábaco.

Converse com eles como foi feito na Etapa 1, demonstrando que agora a troca de uma centena será por dez dezenas. Se necessário, relembre--os dessa equivalência usada na adição, quando era feita a troca de dez dezenas por uma centena. Mostre que agora estamos fazendo o inverso.

Da mesma forma que na etapa anterior, faça outras contas com eles demonstrando a troca a cada vez.

> **Equivalência:** que tem o mesmo valor.

Sugestões de números	**Respostas**
a) 357 − 62 =	a) 295
b) 239 − 48 =	b) 191
c) 617 − 93 =	c) 524
d) 745 − 64 =	d) 681
e) 873 − 94 =	e) 779
f) 965 − 375 =	f) 590
g) 288 − 196 =	g) 92
h) 404 − 64 =	h) 340

Ábaco – subtraindo com trocas duplas

1° 2° 3° 4° 5° ANO ESCOLAR

5

Conteúdo
- Subtração com duplo recurso

Objetivos
- Compreender as subtrações com recurso
- Efetuar as subtrações com duplo recurso

Recursos
- Um ábaco por aluno, lápis e caderno

Descrição das etapas

- **Etapa 1**

Entregue um ábaco a cada aluno e peça-lhes que se sentem em duplas, lado a lado.
Peça aos alunos que representem o número 644.
Pergunte a eles como podemos fazer para subtrair 55 no ábaco.
Converse com eles sobre as trocas necessárias, demonstrando uma de cada vez e relembrando o valor de cada uma. Coloque sempre as 10 argolas de cada troca no pino correspondente. Dessa forma, os alunos visualizam a quantidade total antes de retirar a quantidade a ser subtraída.
Repita o procedimento, propondo outras subtrações, sempre discutindo a troca, retomando o valor da argola que será trocada e demonstrando que está colocando as 10 argolas correspondentes à que foi retirada, além das que já estão no pino.

Sugestões de números	Respostas
a) 333 – 77 =	a) 256
b) 562 – 84 =	b) 478
c) 672 – 93 =	c) 579
d) 745 – 69 =	d) 676
e) 843 – 57 =	e) 786
f) 905 – 36 =	f) 869
g) 218 – 39 =	g) 179
h) 484 – 97 =	h) 387
i) 113 – 85 =	i) 28

Ábaco de pinos | 45

- **Etapa 2**

Entregue um ábaco a cada aluno e peça-lhes que se sentem em duplas, lado a lado. Proponha que eles façam a atividade 1, a seguir.

Observe que, na lista que eles resolverão, há contas com somente uma troca e contas com duas trocas. Trabalhar com esses dois tipos de subtração simultaneamente é importante para que o aluno consiga observar os números e fazer a escolha pensando no valor de cada algarismo, para não fazer as trocas automaticamente.

Quando terminarem de resolver as contas com o material, peça-lhes que escrevam no caderno uma lista de dicas sobre como resolver esse tipo de conta de subtração.

- **Etapa 3**

Entregue um ábaco a cada aluno e peça que eles se sentem em duplas, lado a lado. Proponha que eles façam a atividade 2.

Observe que, na lista que eles resolverão, há contas com somente uma troca, contas com duas trocas e contas sem necessidade de troca. Trabalhar com todas simultaneamente é importante, como mencionado na Etapa 2, para o aluno analisar cada caso e não fazer automaticamente.

Quando terminarem de resolver as contas, veja se há alguma dica a acrescentar na lista feita na Etapa 2.

ATIVIDADES

1. Utilizando o ábaco, resolva a lista de contas abaixo com sua dupla. Faça primeiramente as trocas necessárias no ábaco e depois registre cada conta no caderno.
   a) 325 − 52 =
   b) 924 − 67 =
   c) 123 − 45 =
   d) 523 − 81 =
   e) 451 − 325 =
   f) 456 − 167 =
   g) 817 − 525 =
   h) 851 − 449 =
   i) 345 − 278 =

2. Utilizando o ábaco, resolva a lista de contas a seguir com sua dupla. Faça primeiramente as trocas necessárias no ábaco e depois registre cada conta no caderno.
   a) 624 − 91 =
   b) 715 − 58 =
   c) 467 − 45 =
   d) 324 − 72 =
   e) 642 − 293 =
   f) 347 − 135 =
   g) 467 − 219 =
   h) 713 − 349 =
   i) 999 − 395 =

Respostas

1. a) 273
   b) 857
   c) 78
   d) 442
   e) 126
   f) 289
   g) 292
   h) 402
   i) 67

2. a) 533
   b) 657
   c) 422
   d) 252
   e) 349
   f) 212
   g) 248
   h) 364
   i) 604

1° 2° **3°** 4° 5° ANO ESCOLAR

6 Subtraindo com ábaco e algoritmo

Conteúdo
- Subtração com recurso

Objetivos
- Compreender as subtrações com recurso
- Perceber as regularidades do Sistema de Numeração Decimal
- Relacionar o procedimento convencional com a subtração no ábaco

Recursos
- Um ábaco por aluno, caderno, pedaços de papel em branco e lápis

Descrição das etapas

- **Etapa 1**

Entregue um ábaco a cada aluno e peça-lhes que se sentem em duplas, lado a lado.
Solicite que representem o número 234.
Pergunte a eles como podemos fazer para subtrair 5 no ábaco.
Relembre como a troca pode ser feita e peça que sigam a orientação: Retire uma argola da casa das dezenas, relembre que ela vale 10 unidades. Coloque as 10 argolas na casa das unidades.
Os alunos visualizam que a casa das unidades ficou com 14 argolas. Deixe-os perceber que agora é possível retirar 5 argolas da casa das unidades.
Mostre a eles como se pode escrever o procedimento do ábaco com o algoritmo convencional:

$$\begin{array}{r} 2\overset{2}{\cancel{3}}\overset{1}{4} \\ -5 \\ \hline 229 \end{array}$$

Pergunte aos alunos por que o algarismo 3 foi cortado e modificado para 2. Espera-se que eles percebam que corresponde à argola tirada do ábaco e, por isso, só sobraram duas. Espera-se que eles percebam também que ficaram 14 argolas no pino das unidades, e é isso que escrevemos na conta convencional.
Faça com eles outras subtrações, acompanhando passo a passo, pedindo a cada vez que uma das crianças explique como foi feita a troca.

Ábaco de pinos | 47

- **Etapa 2**

Entregue a cada dupla um pedaço de papel em branco e uma conta. Cada conta deve ser entregue a duas duplas. Uma das duplas representa a conta desenhando em forma de ábaco e a outra a representa como algoritmo convencional.

Com esse material será formado um jogo da memória. Guarde-o para a Etapa 3.

Se for possível, faça cópias desse jogo para que possa ser jogado em grupos de quatro alunos na próxima etapa. Caso contrário, peça que cada dupla faça mais de uma representação do mesmo modelo.

Sugestões de subtrações	Respostas
a) 357 − 62 =	a) 295
b) 230 − 59 =	b) 171
c) 728 − 204 =	c) 524
d) 856 − 75 =	d) 781
e) 984 − 105 =	e) 879
f) 1 076 − 486 =	f) 590
g) 399 − 207 =	g) 192
h) 515 − 75 =	h) 440
i) 468 − 73 =	i) 395
j) 341 − 60 =	j) 281
k) 839 − 315 =	k) 524
l) 967 − 86 =	l) 881
m) 2 095 − 216 =	m) 1 879
n) 2 187 − 597 =	n) 1 590
o) 400 − 318 =	o) 82

- **Etapa 3**

Entregue para cada quarteto um jogo da memória, elaborado na Etapa 2.

Peça que joguem como um jogo da memória tradicional: todas as peças são viradas para baixo, cada jogador, na sua vez, vira duas peças; se representarem a mesma conta, formam um par; caso contrário, o jogador passa a vez. Quando não houver mais pares, ganha o jogo quem tiver maior número de pares.

Observe os alunos durante o jogo e registre como eles combinam os pares ou se há dúvidas.

Socialize com o grupo as dúvidas mais significativas que ocorreram na classe, sem expor o autor perante o grupo.

1º 2º 3º **4º 5º** ANO ESCOLAR

7 Multiplicando no ábaco

Conteúdo
- Multiplicação

Objetivos
- Compreender a multiplicação como soma de parcelas iguais
- Perceber a necessidade da troca na multiplicação

Recursos
- Um ábaco por dupla, caderno e lápis

Descrição das etapas

- **Etapa 1**

Entregue um ábaco a cada dupla. Peça aos alunos que representem o número 12. Diga a eles que coloquem no ábaco 4 vezes o número 12. Pergunte como essa operação poderia ser registrada e escreva no quadro as duas formas possíveis: 12 + 12 + 12 + 12 = 48 e 4 × 12 = 48.
Pergunte o que aconteceria se colocasse o 12 mais uma vez. Discuta com eles a troca necessária: tirar 10 unidades e colocar uma dezena. Repita o procedimento para outros números, sempre discutindo com eles a troca, enfatizando o valor da argola que será trocada.

Sugestões de números	**Respostas**
a) 5 × 120 =	a) 600
b) 3 × 15 =	b) 45
c) 3 × 150 =	c) 450
d) 4 × 27 =	d) 108
e) 4 × 270 =	e) 1 080
f) 6 × 18 =	f) 108
g) 6 × 180 =	g) 1 080
h) 7 × 13 =	h) 91
i) 7 × 130 =	i) 910

- **Etapa 2**

Entregue um ábaco a cada dupla. Dê uma conta diferente para cada uma e peça que a resolvam no ábaco e registrem em uma folha em branco cada etapa do procedimento que fizerem.

Ábaco de pinos | 49

Ao terminarem, deixe que troquem os textos entre as duplas para que uma leia o que a outra escreveu. A intenção é que o leitor perceba se compreende a explicação do colega; caso contrário, que levante dúvidas e sugestões sobre o que está faltando para que o texto seja compreendido por qualquer leitor.

Cada dupla terá um tempo, depois, para refazer o texto, completando-o com as informações que acharem necessárias. Se possível, coloque os textos no mural para que eles sejam vistos por todo o grupo.

Sugestões de multiplicações (lembrando que o importante é a elaboração do texto explicativo da operação e não apenas a resposta correta):

a) $357 \times 8 =$ e) $873 \times 4 =$ i) $295 \times 4 =$ m) $681 \times 6 =$

b) $239 \times 3 =$ f) $965 \times 2 =$ j) $524 \times 5 =$ n) $437 \times 5 =$

c) $617 \times 5 =$ g) $288 \times 6 =$ k) $779 \times 3 =$ o) $789 \times 2 =$

d) $745 \times 7 =$ h) $404 \times 9 =$ l) $191 \times 8 =$

Respostas

a) 2856   e) 3492   i) 1180   m) 4086

b) 717   f) 1930   j) 2620   n) 2185

c) 3085   g) 1728   k) 2337   o) 1578

d) 5215   h) 3636   l) 1528

- **Etapa 3**

Entregue um ábaco a cada dupla. Escolha uma das contas acima, por exemplo: 239×3. Solicite que eles a façam no ábaco e depois com o algoritmo convencional. Discuta com eles por que o reagrupamento foi de duas dezenas e não uma. Espera-se que eles percebam que havia 20 unidades a serem trocadas e cada 10 unidades é trocada por uma dezena.

$$
\begin{array}{r}
\overset{1\ \ 2}{2}39 \\
\times\ \ 3 \\
\hline
717
\end{array}
$$

Faça as outras contas da Etapa 2 com eles no ábaco, comparando com o algoritmo convencional. Ao final, peça-lhes que releiam os textos produzidos na Etapa 2 e verifiquem em cada dupla se é preciso completar novamente seu texto ou se já estava clara a explicação sobre os reagrupamentos.

Cartas especiais

Os jogos com cartas são excelentes para o desenvolvimento do pensamento lógico e numérico dos alunos.

Eles são desafiados, a cada jogada, a rever toda a situação, analisando o objetivo a ser alcançado, as cartas que possuem e os movimentos de seus oponentes.

As propostas iniciais são mais simples e exige-se do aluno que apenas reconheça os números escritos nas cartas, mas na sequência surgem jogos em que é preciso relacionar os valores nas cartas, tanto pela comparação como para formar determinado total, adicionando os valores nas cartas.

As atividades propostas para os anos iniciais envolvem:

- Reconhecer números.
- Comparar e ordenar números.
- Adicionar números.
- Formar grupos de cartas de acordo com algum critério.

Os jogos apresentados para os demais anos, a partir do 3º, tornam-se mais complexos e ampliam o que se solicita dos alunos, pois, além das ações anteriores, os jogos incluem:

- Subtrair ou multiplicar números.
- Refletir sobre a escrita de números no Sistema de Numeração Decimal.

Na descrição das etapas para cada jogo estão explicitados os cuidados para que esse recurso seja utilizado da melhor forma possível, incluindo-se a recomendação de que cada jogo seja realizado três ou quatro vezes, semanalmente, ocupando assim um período de um mês de trabalho.

Nas etapas, há um cuidado especial com os recursos de comunicação que devem estar presentes no trabalho com todos os materiais dentro da proposta de ensino que fundamenta esta Coleção.

O material

O conjunto de cartas especiais é composto de quatro sequências de cartas. Cada sequência é formada por cartas com números de 1 a 10. Apesar de poder ser usado um baralho convencional, é interessante que as cartas sejam produzidas com algarismos grandes para facilitar a leitura dos alunos, e que tenham no centro objetos ilustrados na quantidade expressa pelo número da carta. Por exemplo, nas fotografias a seguir, foram usadas imagens de animais para ilustrar as quantidades em cada carta e foram usados quatro animais diferentes, um para cada sequência de 1 a 10.

Cartas especiais

As cartas especiais são formadas por quatro sequências de cartas que vão de 1 a 10.

Cada sequência do conjunto de cartas especiais é representada por um animal diferente. A quantidade de vezes que esse animal aparece indica o número da carta.

  A quantidade de conjuntos de cartas a serem usados na classe depende do tamanho da turma de alunos, pois algumas das atividades são propostas para duplas e outras para grupos de quatro alunos.

  Há, ainda, a possibilidade de parte de sua turma de alunos realizar uma atividade com cartas, enquanto outra parte realiza, por exemplo, uma atividade de leitura, para depois trocarem de atividade. Dessa forma, não é preciso construir muitos conjuntos de cartas e você pode dar mais atenção aos alunos que jogam.

1º 2º 3º 4º 5º ANO ESCOLAR

1 Memória de 15

Conteúdos
- Operação de adição
- Contagem
- Estimativa e cálculo mental
- Reconhecimento dos números de 1 a 10

Objetivos
- Associar uma quantidade ao símbolo que a representa
- Compreender a ideia da adição como a ação de adicionar uma quantidade a outra
- Efetuar adições mentalmente

Recurso
- Um jogo de cartas especiais por grupo

Descrição das etapas

- **Etapa 1**

Leia as regras do jogo (mais à frente, no item "Regras") para os alunos ou proponha a eles que, em grupo, as leiam. Nesse caso, quando terminarem a leitura, faça perguntas como: "Qual é o material necessário? Onde está escrito 'cartas' no texto? Vamos marcar?" "Quem gostaria de explicar o que entendeu sobre as regras desse jogo?".
Diga que o jogo é parecido com o jogo da memória. Aproveite o momento para jogar com a classe e esclarecer as dúvidas.

- **Etapa 2**

Retome as regras do jogo com seus alunos; se achar necessário, sugira que eles as consultem novamente. Deixe-os jogar em grupo.
Depois de jogar, proponha um registro em forma de desenho. Peça a eles que não coloquem o nome no desenho. Junte todos os trabalhos e faça uma grande roda. Distribua os desenhos aleatoriamente. Peça-lhes que observem o desenho do colega e comentem o que acreditam estar representado. O autor do desenho poderá fazer acréscimos somente depois da fala do colega.
Ao final, deve-se montar um mural na classe.

Cartas especiais | 53

- **Etapa 3**

Proponha aos alunos que joguem em grupo. Em seguida, converse com eles sobre as descobertas realizadas e faça alguns questionamentos: "Qual é a maior carta do jogo? E a menor?"; "Eu virei a carta número 3, que cartas eu preciso tirar para somar 15?"; "Lucas ganhou um trio que formou 15. Uma das cartas é o número 8. Qual é o valor das outras cartas?".
Depois, oriente os alunos a fazerem em duplas a atividade 1.

- **Etapa 4**

Encaminhe o jogo novamente, agora sugerindo que os alunos observem o que foi discutido na Etapa 3. Ao final, proponha a realização da atividade 2.

- **Etapa 5**

Antes de propor o jogo, retome com os alunos a discussão realizada na atividade 2. Enquanto jogam, peça-lhes que observem o que foi discutido nessa atividade. Ao final, os alunos farão a atividade 3. Aproveite para organizar um texto coletivo com base na aprendizagem de todos os grupos.

REGRAS

1. Formar grupos de 4 ou 5 jogadores e decidir quem começa.
2. Embaralhar e organizar as cartas, voltadas para baixo, em fileiras, como em um jogo da memória.
3. Cada jogador, na sua vez, vira três cartas, sem tirá-las do lugar, com o objetivo de formar o total 15 com a soma de seus pontos.
4. Ganha o jogador que, ao final do jogo, conseguir formar o maior número de trios.

ATIVIDADES

1. Quais são as possibilidades para se obter o resultado 15?
2. a) Por que um trio em que o 1 aparece não pode ter uma carta menor que 4?
   b) Se o jogador virar uma carta 10, que outras cartas ele precisará encontrar para obter 15?
   c) Se o jogador virar uma carta 3, quais cartas não poderá virar?
3. Em grupo, escrevam o que vocês aprenderam com o jogo memória de 15.

Respostas

1. Há várias possibilidades, por exemplo:
   5, 5, 5   8, 4, 3
   10, 4, 1   3, 3, 9
   3, 6, 6   7, 2, 6
   ...

2. a) Se o 1 aparece, as outras duas cartas devem ter total 14 e a maior carta é o 10; então, a outra carta tem de ser maior ou igual a 4.
   b) 10, 1, 4 ou 10, 2, 3.
   c) Ele não poderá virar a carta 1 porque 1 e 3 têm total 4 e ele não conseguirá o resultado 15.

1º 2º 3º 4º 5º ANO ESCOLAR

2 Borboleta

Conteúdos
- Operação de adição
- Contagem
- Estimativa e cálculo mental
- Reconhecimento dos números de 1 a 10

Objetivos
- Associar uma quantidade ao símbolo que a representa
- Compreender a ideia da adição como a ação de adicionar uma quantidade a outra
- Efetuar adições mentalmente

Recurso
- Um jogo de cartas especiais por grupo

Descrição das etapas

- **Etapa 1**

Diga aos alunos que irão aprender um novo jogo com cartas.
Organize a classe em grupos de 4 e peça-lhes que leiam as regras. Eles devem ler e discutir fazendo jogadas, analisando as regras, decidindo como resolver as dúvidas. Nesse momento, procure não interferir nas discussões, mas fique atento, observe e anote os problemas, as soluções e as dúvidas. Depois dessa interação entre eles, faça uma grande roda e discuta possíveis incompreensões.

- **Etapa 2**

Proponha o jogo pela segunda vez, pedindo que relembrem as regras. Deixe-os jogar e peça um registro em forma de bilhete. Cada grupo escreverá um bilhete comentando um aspecto do jogo para outro grupo da classe. Pode ser uma dúvida, uma aprendizagem ou outra opção que você considere adequada.

- **Etapa 3**

Retome os bilhetes recebidos pelos grupos e avalie com todos se há alguma dúvida ou incompreensão que precisa ser esclarecida.
Os alunos jogam pela terceira vez. Ao final, proponha que realizem em dupla a atividade 1. Depois, uma dupla discute com outra as respostas encontradas e só devem solicitar a sua ajuda se tiverem alguma dúvida que não conseguem responder juntos.

Cartas especiais | 55

- **Etapa 4**

Proponha o jogo pela quarta vez. Ao final, os grupos deverão criar duas perguntas para outro grupo responder (atividade 2), anotando-as em uma folha. Recolha as folhas e distribua-as aleatoriamente nos grupos. Deixe que pensem nas respostas e depois que falem sobre como fizeram para resolver. Monte um painel de soluções e deixe-o exposto na sala.

Variação

Este jogo pode ser realizado com três cartas para cada jogador e nove cartas no centro da mesa. Em vez de adição, pode-se fazer uma multiplicação com o valor das três cartas. Nessa versão, o jogo seria mais indicado a partir do 3º ano.

REGRAS

1. Cada jogador recebe três cartas que devem ficar viradas para cima, à sua frente, durante toda a partida. Outras sete cartas são colocadas, também com as faces para cima, em uma fileira no centro da mesa. As demais ficam num monte para reposição.
2. Na sua vez, o jogador deve pegar as cartas do meio que forem necessárias para que consiga chegar ao mesmo total da soma de suas três cartas. Quando não conseguir mais formar conjuntos com seu total, ele deve repor as cartas que usou do meio da mesa com cartas do monte e passar a vez ao próximo.
3. Quem conseguir mais conjuntos de cartas com as suas somas será vencedor.

ATIVIDADES

1. a) As cartas de Marina são 3, 5 e 9. Qual é a soma dela durante o jogo?
   b) Paulo tem sempre que formar 17. As cartas na mesa, na sua vez de jogar, são: 3, 5, 6, 9, 1, 10 e 4. Quais cartas ele pode pegar para conseguir sua soma?
   c) Eduarda tem soma 21. Quais cartas ela pode ter virado para conseguir essa soma?
   d) Ana tem as seguintes cartas na mesa: 3, 5, 6, 10, 8, 2 e 4. Sua soma é 30. Ela já pegou 10 e 2. Quais das cartas da mesa ela deve pegar agora para conseguir sua soma?
2. Invente duas perguntas com base nesse jogo e dê para outro grupo responder.

Respostas

1. a) 17
   b) 3, 4 e 10; 1, 6 e 10; 3, 5 e 9
   c) Há várias possibilidades. Por exemplo: 1, 10, 10; 2, 9, 10; 7, 7, 7; 6, 8, 7; 4, 7, 10; 5, 8, 8...
   d) 8 e 10; 2, 6 e 10; 4, 6 e 8; 3, 5 e 10; 2, 3, 5 e 8; 3, 4, 5 e 6...

1° **2°** 3° 4° 5° ANO ESCOLAR

3 Salute

Conteúdos
- Operação de adição e subtração
- Estimativa e cálculo mental

Objetivos
- Efetuar adições mentalmente
- Perceber a relação entre a adição e a subtração
- Resolver problemas de adição e subtração

Recursos
- Um jogo de cartas especiais por trio, caderno, lápis, folha de papel branco, lápis de cor, canetinha e folha de atividades da p. 59

Descrição das etapas

- **Etapa 1**

Apresente o jogo com todas as crianças em círculo sentadas no chão. Fale sobre o jogo e jogue alternadamente com algumas crianças para que toda a classe possa observar e se familiarizar com o jogo. Organize os alunos em trios e deixe-os jogar.

- **Etapa 2**

Retome os trios e relembre as regras. Sugerimos que os trios sejam sempre os mesmos durante todo o período de realização desse jogo (Etapas 1 a 4), visto que as atividades de registro serão realizadas em grupo.

Depois de jogarem pela segunda vez, proponha que façam um desenho em trio sobre o jogo, organize uma roda de conversa com os alunos e tire as dúvidas com base nos registros realizados. Deixe os desenhos expostos na sala por alguns dias.

- **Etapa 3**

Proponha o jogo pela terceira vez e, logo em seguida, faça com que os alunos falem sobre as regras. Em trio, proponha a realização da atividade 1. Essa proposta envolve uma estratégia chamada texto em tiras, ao trabalhar atividades desse tipo você auxilia seus alunos no desenvolvimento de habilidades de leitura e na percepção da estrutura de um tipo de texto, no caso, texto de regras.

Cartas especiais | 57

- **Etapa 4**

Inicie essa etapa com a leitura das regras organizadas na Etapa 3. Avalie com o grupo se há algo que precisa ser reformulado. Então, proponha que joguem mais uma vez com base no que foi discutido sobre o texto coletivo.

Garanta que todos tenham em seu caderno ou pasta uma cópia do texto e do desenho sobre o jogo.

Proponha a realização da atividade 2.

REGRAS

1. As cartas são distribuídas entre dois dos três jogadores, que devem sentar-se frente a frente, com seus montes de cartas viradas para baixo.
2. Ao mesmo tempo, os dois retiram a carta de cima de seus montes dizendo: "– salute!" E segurando-as perto de seus rostos, de modo que possam ver apenas a carta do adversário, mas não a sua própria carta.
3. O terceiro jogador, nesse momento, anuncia a soma das cartas. Aquele, entre os dois, que primeiro descobrir o correto valor de sua própria carta (subtraindo o total da carta de seu companheiro) leva o par para si.
4. Ganha aquele que conseguir o maior número de cartas.

Respostas

2. a) 10 e 8 ou 9 e 9
   b) 8
   c) Não é possível, porque a maior carta é 10 e 10 e 5 não têm resultado 16.

ATIVIDADES

1. Em trio, organizem o texto com as regras do jogo salute. Depois, copiem no caderno numerando cada uma das regras:

| Ao mesmo tempo, os dois retiram a carta de cima de seus montes dizendo: |

| – Salute! E segurando-as perto de seus rostos, de modo que possam ver apenas a carta do adversário, mas não a sua própria carta. |

| Ganha aquele que conseguir o maior número de cartas. |

| Salute |

| As cartas são distribuídas entre dois dos três jogadores, que devem sentar-se frente a frente, com seus montes de cartas viradas para baixo. |

| O terceiro jogador, nesse momento, anuncia a soma das cartas. Aquele, entre os dois, que primeiro descobrir o correto valor de sua própria carta leva o par para si. |

2. Resolva os problemas a seguir:

a) João e Miguel jogavam salute com Viviane. Quando eles levantaram suas cartas, Viviane disse 18. Quais são as cartas que os meninos poderiam estar segurando?

b) Em outra rodada, Viviane disse 15 e a carta que João segurava era o 7. Qual carta Miguel estava segurando?

c) Na última rodada, Viviane disse 16. Quando olhou para a carta do seu adversário, João disse 5. Você acha que essa resposta é possível? Por quê?

Cartas especiais | 59

1° 2° **3°** 4° 5°   ANO ESCOLAR

4 *Stop* da subtração

Conteúdos
- Subtração
- Cálculo mental

Objetivos
- Efetuar subtrações mentalmente e conferi-las
- Desenvolver agilidade no cálculo mental
- Justificar respostas e o processo de resolução de um problema

Recursos
- Um jogo de cartas especiais por grupo, folha de papel branco, borracha, lápis e folha de atividades da p. 63-64

Descrição das etapas

- **Etapa 1**

Leia coletivamente as regras, realizando uma parada a cada item e questionando se houver dúvidas. Peça a um aluno que, voluntariamente, explique para a classe como se joga após a leitura das regras. Faça as intervenções necessárias.

Simule uma jogada com duas duplas de forma que os outros possam observar. Caso ainda tenham alguma dúvida, este é um bom momento para esclarecê-las.

Deixe que joguem nos grupos e circule pela classe, observando os alunos.

fique atento!

Este é um momento importante de avaliação. Enquanto você circula pela classe, tenha em mãos papel para anotar a participação dos alunos. Isso dará pistas para alterações nos grupos da próxima vez que propuser o jogo, se necessário. Lembre-se sempre de que o agrupamento produtivo faz com que todos avancem e sintam-se desafiados.

- **Etapa 2**

Na segunda vez que propuser o jogo, oriente os grupos a jogarem sequencialmente, sem precisar da sua ordem (regra 3).

Ao final, entregue uma tira de papel em branco e peça aos grupos que escrevam uma "Dica para uma boa jogada". Organize de forma que cada grupo explique a sua dica e monte um cartaz com elas. Deixe-o exposto na sala para que os alunos possam consultá-lo.

Cartas especiais | 61

- **Etapa 3**

Proponha o jogo novamente e deixe que joguem pelo menos seis rodadas. No final, peça aos grupos que realizem a atividade 1. Oriente-os para que leiam o enunciado da atividade em duplas – lembrando de como acontece o jogo –, discutam e tentem resolver sozinhos. Se houver dúvidas, solicite que preencham na tabela o menor número formado com as cartas de cada rodada e façam a subtração.

Ao término de um tempo determinado, proponha que socializem as respostas com a outra dupla do seu grupo, conferindo os resultados da partida.

- **Etapa 4**

Quando os alunos tiverem dominado bem a subtração com números menores, dificulte um pouco o jogo pedindo que formem o maior número em vez do menor. Essa alteração poderá ser feita gradativamente nos grupos, conforme você observar que já estão em condições. A cada rodada, observe os grupos e altere o comando para os que já dominaram o jogo e estão bem no cálculo mental com números menores.

Após o jogo, peça que realizem a atividade 2 em duplas.

Questione se algum grupo quer acrescentar mais alguma dica no cartaz da etapa 2 e faça as alterações. É importante incentivá-los para esse momento, pois esse movimento fará com que retomem aprendizagens e acrescentem novas ideias.

Respostas

1.

1ª rodada	3 e 4	34	5 e 1	15	19
2ª rodada	5 e 2	25	4 e 2	24	01
3ª rodada	3 e 2	23	5 e 3	35	12
4ª rodada	9 e 3	39	8 e 4	48	09
5ª rodada	6 e 5	56	3 e 2	23	33
6ª rodada	8 e 2	28	5 e 4	45	17
7ª rodada	8 e 5	58	6 e 8	68	10
8ª rodada	4 e 6	46	9 e 9	99	53

2. a) Os menores números formados são 18 e 47.

b) Os maiores números formados são 81 e 74.

c) O resultado seria 29.

d) O resultado seria 7.

REGRAS

1. Cada grupo deve contar com 4 jogadores, formando duas duplas. Em uma das duplas fica o carteador e na outra o anotador.
2. Um aluno do grupo (carteador) embaralha as cartas e entrega duas delas para cada dupla, sem olhar quais são.
3. O professor dará a ordem: "Formem o menor número possível com as cartas que vocês receberam".
4. Depois de formar o menor número possível com as cartas e deixá-lo visível para a outra dupla, efetuem uma subtração mentalmente com os dois números formados. A dupla que chegar ao resultado primeiro grita *stop* e anuncia-o. Os alunos farão a conferência no papel. E, se o resultado estiver correto, a dupla que gritou marca um ponto. Se o resultado estiver errado, a outra dupla é que ganha um ponto. Suponhamos que uma dupla tenha recebido as cartas 3 e 5 e a outra dupla as cartas 6 e 2. Elas deverão compor os números 35 e 26, e quem anunciar primeiro o resultado 9 ganha a rodada.
5. Depois da conferência de todos, o anotador marca o ponto na folha de papel.
6. O carteador reúne todas as cartas novamente, embaralha e distribui duas para cada dupla, como na rodada anterior.
7. Ao final de 8 rodadas, ganha quem tiver feito mais pontos.
8. As funções de carteador e anotador mudam a cada duas jogadas, ou conforme combinado com a classe.

ATIVIDADES

1. O anotador do grupo do Murilo fez as anotações a seguir em uma tabela como abaixo após realizar uma jogada, mas deixou-a incompleta. Analise com seu par cada rodada, monte o menor número com as cartas recebidas pelas duplas e faça a subtração.
Quando terminar, confira os resultados com a outra dupla do seu grupo.

Rodadas	Dupla 1 Cartas recebidas	Menor número formado	Dupla 2 Cartas recebidas	Menor número formado	*Stop* correto
1ª	3 e 4		5 e 1		
2ª	5 e 2		4 e 2		
3ª	3 e 2		5 e 3		
4ª	9 e 3		8 e 4		
5ª	6 e 5		3 e 2		
6ª	8 e 2		5 e 4		
7ª	8 e 5		6 e 8		
8ª	4 e 6		9 e 9		

2. Resolva as questões a seguir:

Humberto e Heloísa receberam as cartas 8 e 1 e Rafael e Tati receberam as cartas 7 e 4.

a) Quais os menores números formados?

b) Quais os maiores números formados?

c) Qual seria o resultado correto se o professor pedisse a formação do menor número?

d) E se o professor pedisse a formação do maior número?

1° 2° **3° 4°** 5° ANO ESCOLAR

Batalha da multiplicação

5

Conteúdos
- Multiplicação
- Cálculo mental

Objetivos
- Efetuar multiplicações mentalmente
- Desenvolver agilidade no cálculo mental

Recursos
- Um jogo de cartas especiais por grupo, uma caixa de sapatos encapada e folha de atividades da p. 67

Descrição das etapas

- **Etapa 1**

Organize a classe em quartetos, atribua as funções e distribua para cada grupo um jogo de cartas especiais.
Funções:
- Dois oponentes. Tenha o cuidado de organizar os alunos de modo que eles tenham um potencial aproximado, para que o jogo fique motivador e desafiante para todos.
- Um juiz, que deve acompanhar o jogo e determinar o vencedor em caso de dúvidas.
- Um anotador para fazer registros das jogadas para problematizações.

Faça a leitura compartilhada das regras do jogo para todos os alunos e questione se há alguma dúvida em relação aos jogos e às funções.
A cada rodada, mudam-se as funções, até que todos tenham assumido todos os papéis e jogado pelo menos duas vezes.

- **Etapa 2**

Proponha o jogo novamente e deixe que joguem pelo menos cinco rodadas. Peça aos alunos que, em grupo, resolvam as situações propostas na atividade 1. Faça a correção coletiva ao final e questione as respostas da pergunta **c**, para ver se recorreram corretamente à leitura e interpretação da regra 4.

- **Etapa 3**

Proponha o jogo e avise os alunos de que deverão realizá-lo observando suas dificuldades. Após quatro ou cinco rodadas, organize uma roda de conversa e apresente a Caixa de Dúvidas.

Cartas especiais | 65

fique atento!

A Caixa de Dúvidas deve ser confeccionada pelo professor. Pode ser utilizada uma caixa de sapatos encapada, com uma fenda na tampa, no modelo de uma urna. A caixa poderá ser decorada pelos alunos, se preferir.
O objetivo dessa caixa, neste momento, é que os alunos depositem suas dúvidas em relação ao jogo, escritas em tiras de papel, para que você possa esclarecê-las.

Explique o objetivo da caixa e entregue tiras de papel para que possam registrar suas dúvidas. A participação não é obrigatória, pois alguns alunos podem não apresentá-las. Deixe que depositem as tiras na urna. Analise as dúvidas fora da aula e identifique as que devem ter um retorno pessoal, por se tratar de uma dúvida única, e as que devem ter um retorno coletivo, caso apareçam várias vezes. É importante que esse retorno seja dado o mais rápido possível e durante a aula. Este é um momento rico de aprendizagem individual e coletiva e pode ser utilizado em diferentes situações.

- **Etapa 4**

Batalha Dupla – outra variação deste jogo é a Batalha Dupla, em que os dois oponentes dividem as cartas em quatro montes, ficando cada um com dois montes virados para baixo. Sem olhar as cartas, cada jogador simultaneamente vira a carta de cima. A pessoa que obtém o produto maior leva as quatro cartas. O que ficar com mais cartas ganha o jogo. O juiz e o anotador mantêm as mesmas funções.
Depois de jogar Batalha Dupla, proponha que os alunos respondam à atividade 2. Em seguida, socialize as respostas dessa atividade.

Respostas

1. a) Camila, porque ela respondeu corretamente.
   b) Lucas virou a carta 6.
   c) Camila, porque, segundo a regra 5, ganha quem acertar o resultado, e não só quem falar um resultado primeiro.
   d) Possibilidade das cartas 3 e 8 e 6 e 4 para o resultado 24.

2.

Camila	Lucas	Vencedor
40	42	Lucas
24	45	Lucas
35	28	Camila
27	32	Lucas
28	25	Camila
18	21	Lucas
Vencedor: Lucas		

REGRAS

1. Ao iniciar o jogo, combine com os alunos que a operação utilizada durante a partida será a multiplicação, visto que esse jogo pode ser utilizado também para a adição e a subtração.
2. As cartas especiais são embaralhadas e distribuídas aos jogadores (10 para cada um).
3. Sem olhar, cada jogador forma à sua frente uma pilha com suas cartas viradas para baixo.
4. No momento em que é dado um sinal combinado, os dois jogadores simultaneamente viram as primeiras cartas de suas respectivas pilhas. O jogador que primeiro disser o resultado correto da multiplicação entre os números mostrados nas duas cartas fica com elas.
5. Se houver empate (os dois jogadores disserem o resultado simultaneamente), ocorre o que chamamos de "batalha". Cada jogador vira a próxima carta da pilha e quem disser o resultado correto da operação primeiro ganha as quatro cartas acumuladas.
6. O jogo termina quando as cartas acabarem.
7. O jogador que tiver o maior número de cartas ao final do jogo é o vencedor.

ATIVIDADES

1. Com as cartas especiais em mãos, leia os problemas a seguir e discuta com seu grupo a melhor resposta para cada situação.
   a) Ao iniciar uma partida, Camila virou a carta de número 7 e Lucas virou a carta de número 6. Camila falou 42 e Lucas falou 49. Qual dos dois ganhou? Por quê?
   b) Na segunda rodada, Camila virou o 8 e Lucas outra carta. O resultado foi 48 e Camila acertou. Que carta Lucas virou?
   c) Na terceira rodada, Camila e Lucas empataram. Jogaram novamente e Camila acertou o resultado. Lucas errou, mas falou primeiro. Quem levou as cartas? Por quê?
   d) Invente uma pergunta para esta situação: Na última rodada, o resultado foi 24.

2. **Batalha Dupla**
   Camila e Lucas jogaram o Batalha Dupla em seis rodadas. Durante o jogo, o anotador do grupo organizou a seguinte tabela, anotando as cartas de cada um a cada rodada. Resolva as multiplicações e veja quem ganhou o jogo.

Jogada	Camila	Lucas	Vencedor
1ª	8 e 5	6 e 7	
2ª	6 e 4	5 e 9	
3ª	7 e 5	7 e 4	
4ª	3 e 9	8 e 4	
5ª	4 e 7	5 e 5	
6ª	9 e 2	3 e 7	
Vencedor do jogo:			

1° 2° 3° **4°** 5° | ANO ESCOLAR

6 Adivinhe

Conteúdos
- Multiplicação
- Memorização da tabuada

Objetivos
- Desenvolver estratégias de cálculo mental
- Efetuar multiplicações mentalmente
- Relacionar os fatores da multiplicação ao produto entre eles

Recurso
- Um jogo de cartas especiais por grupo e folha de atividades da p. 71

Descrição das etapas

- **Etapa 1**

Organize a classe em quartetos, atribua as funções e distribua para cada grupo um jogo de cartas especiais. (As funções estão descritas nas regras do jogo.) Realize o número de rodadas que seja suficiente para que cada aluno passe pelo menos duas vezes em cada função.

- **Etapa 2**

Conduza uma discussão com os alunos propondo as seguintes questões: "O que foi fácil no jogo? Por quê?"; "O que foi difícil no jogo? Por quê?".

Deixe que eles percebam suas próprias dificuldades com a tabuada. Este é um momento importante para que eles sintam necessidade de estudar, sem que esse movimento seja imposto pelo professor, mas percebido pelo aluno.

Após a discussão, proponha que cada aluno responda a essas questões individualmente no caderno, conforme a atividade 1.

- **Etapa 3**

Antes de propor novamente o jogo, avise os alunos com um ou dois dias de antecedência. Neste caso, será esperado que eles estudem e se preparem para jogar. Outro recurso é levar a turma a monitorar seu próprio desempenho no jogo, anotando as dificuldades que enfrentaram ao jogar, e discuti-las coletivamente.

Cartas especiais | 69

- **Etapa 4**

Proponha o jogo novamente e, a seguir, peça que, em grupo, resolvam as situações propostas na atividade 2.

- **Etapa 5**

Elabore com seus alunos uma lista coletiva com estratégias de como estudar as tabuadas. Observe a sugestão de cada aluno para que você possa orientá-los e intervir caso haja necessidade, questionando-o se ele conhece outra forma de estudar as tabuadas.

- **Etapa 6**

Peça aos alunos que retomem as anotações feitas no caderno na etapa 2 e façam alterações, se necessário. Deixe que joguem novamente e oriente-os quanto à realização da atividade 3. Num primeiro momento, deixe que levantem as hipóteses de como resolvê-la. Socialize as respostas, solicitando que cada grupo comente como resolve. Após esse momento, oriente-os a resolverem em duplas e confira os resultados coletivamente.

Para finalizar, peça que respondam por escrito em seus cadernos a questão: "O que aprendi com este jogo?".

Respostas

2. a) Carolina tirou a carta 6.
   b) O juiz deve dizer o produto 63.
   c) Quem acertou foi o juiz **B**, pois a resposta correta é 24.
   d) e e) Respostas pessoais.

3.

Danilo	Gabriela	Resposta do juiz
5	8	40
6	6	36
7	8	56
4	7	28
8	3	24
9	9	81
6	8	48

REGRAS

1. Este é um jogo para quartetos, havendo dois jogadores, um juíz e um anotador. A cada rodada, mudam-se os papéis.
2. Um juiz embaralha e dá metade das cartas para cada jogador. Nenhum jogador vê as cartas que tem.
3. Os dois jogadores sentam-se um na frente do outro, cada um segurando seu monte de cartas viradas para baixo. O juiz fica de frente para os dois jogadores, de modo que possa ver o rosto dos dois.
4. A um sinal do juiz, os dois jogadores pegam a carta de cima de seus respectivos montes e falam "adivinhe", segurando-as perto de seus rostos de maneira que possam ver somente a carta do adversário.
5. O juiz diz o produto dos dois números nas cartas à mostra. Cada jogador tenta deduzir o seu número apenas olhando a carta do adversário e conhecendo o produto falado pelo juiz. Por exemplo, um jogador viu um 6, o outro viu um 5 e o produto dito pelo juiz foi 30. O jogador, para levar as cartas, deve dizer 6 e 5 ou 5 e 6. O anotador registra o vencedor da jogada.
6. O jogador que disser primeiro o número das duas cartas corretamente fica com elas.
7. O jogo termina quando as cartas acabarem. O vencedor é o jogador com mais pares.

ATIVIDADES

1. Após o jogo e a discussão sobre as questões feitas pelo professor, responda:
   a) O que foi fácil no jogo? Por quê?
   b) O que foi difícil no jogo? Por quê?
2. Com as cartas especiais em mãos, leia os problemas a seguir e discuta com seu grupo a melhor resposta para cada situação.
   a) Ao iniciar uma partida, Murilo virou a carta 8 e o juiz falou o produto 48. Qual carta Carolina deve ter virado, sabendo que o juiz acertou o produto?
   b) Na segunda rodada, Carolina virou a carta 7 e Murilo a carta 9. Qual o produto correto que o juiz deve dizer?
   c) Na terceira rodada, Murilo virou a carta 6 e Carolina virou a carta 4. O juiz **A** disse 32 e o juiz **B** disse 24. Qual dos dois acertou?
   d) O que acontece quando os juízes erram o produto?
   e) Que dicas você daria para um juiz que demora nas respostas?
3. No 4º ano da professora Cláudia, após uma rodada de Adivinhe, um aluno anotou no quadro abaixo alguns números do jogo, mas não conseguiu registrar todos. Complete o quadro de modo que ele fique correto.

Danilo	Gabriela	Resposta do juiz
5	8	
	6	36
7		56
4	7	
8		24
	9	81
6		48

1° 2° 3° **4°** 5° | ANO ESCOLAR

7 Pescaria da multiplicação

Conteúdos
- Multiplicação
- Cálculo mental

Objetivos
- Desenvolver agilidade no cálculo mental
- Efetuar multiplicações mentalmente
- Resolver problemas envolvendo a multiplicação

Recursos
- Um jogo de cartas especiais por grupo e folha de atividades da p. 76

Descrição das etapas

• **Etapa 1**

Organize a classe em quartetos; entregue um jogo de cartas especiais para cada grupo, as regras e as atividades. Proponha que, em grupo, os alunos leiam as regras do jogo e discutam entre si, interpretando-as. Dê um comando (regra 3) e deixe que joguem como entenderam. Circule pela classe e observe os grupos.

> **fique atento!**
>
> Esta é uma estratégia rica para que os alunos trabalhem a interpretação de texto. Caso observe alguma irregularidade, peça que retomem a regra correspondente para ver o que está errado e confrontem com as suas orientações. Se houver divergência no grupo quanto à interpretação, faça questionamentos que os levem a perceber quem está com a hipótese correta.

Cada grupo escolherá uma estratégia para definir quem será o primeiro carteador.
Após esta primeira rodada, se ainda houver dúvidas em relação às regras, peça a algum aluno que as esclareça para o grupo. Certifique-se de que este aluno tenha compreendido corretamente.
Deixe que joguem novamente, mudando os comandos a cada rodada.

Cartas especiais | 73

Abaixo relacionamos sugestões de comandos. Observe que há um grau de dificuldade diferente; portanto, é importante uma análise anterior para ver quais são mais adequados para sua turma no início:

- Um resultado que esteja entre os números 20 e 30.
- Um resultado cujo número seja par e maior que 60.
- Um resultado cujo número seja ímpar e maior que 15.
- Um resultado cujo número seja menor que 30.
- Um resultado cujo número seja par e menor que 56.
- Um resultado que seja ímpar e esteja entre os números 40 e 50.
- Um resultado que tenha na unidade o número 2.
- Um resultado cujo número seja menor que 50 e maior que 20.
- Um resultado cujo número seja ímpar e menor que 40.
- Um resultado cujo número seja par e maior que 50.

Ao término do jogo, faça o seguinte questionamento: "Saber a tabuada auxilia no jogo?". Deixe que percebam que há necessidade de estudar a tabuada para ter maior agilidade na próxima vez.

• Etapa 2

Proponha o jogo novamente. Depois de jogarem pelo menos cinco rodadas, peça que realizem a atividade 1 individualmente.

Combine um tempo para a realização da atividade e oriente-os a socializar as respostas no grupo. Na sequência, faça a correção coletiva.

• Etapa 3

Proponha pelo menos mais duas rodadas e, no final, produza um texto coletivo, em que você será o escriba, para a turma de outra classe, com o seguinte título: "O que aprendemos com o jogo Pescaria da multiplicação". Utilize a atividade 2 para a escrita desse texto. A outra turma também escreverá um texto para a sua classe. Ao recebê-lo, faça comparações, enfatizando diferentes ou novas aprendizagens.

Respostas

1. a) • Cláudia pode pescar as cartas 7, 9 ou 10.
   - Denise pode pescar as cartas 9 ou 10.
   - Não. Vanessa deve passar a vez, pois nenhuma carta na mesa, multiplicada pela dela, resultará um produto maior que 50.

   b) • Aline pode pescar as cartas 4 ou 6.
   - Rose pode pescar somente a carta 4.
   - Izabel poderia ter na mão as cartas 1, 9 ou 10.

REGRAS

1. Ao iniciar o jogo, combine quem será o carteador.
2. O carteador embaralha as cartas e vira seis na mesa, com os números para cima, em duas fileiras de três. A seguir, entrega uma carta para cada jogador, que poderá vê-la. As cartas que sobrarem deverão ficar em um monte, viradas para baixo, sobre a mesa, como mostra a figura:

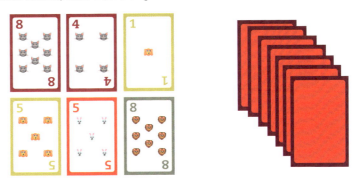

3. O professor deve dar um comando coletivo para iniciar a rodada. Por exemplo: "Formar um número que, multiplicado pela carta que você tem na mão, seja maior que 40".
4. O aluno que está à esquerda do carteador será o primeiro a jogar. Suponhamos que ele tenha a carta 6 na mão e na mesa haja as cartas 8, 4, 6, 2, 1 e 7. Ele poderá pegar a carta 7 ou a 8 e formar um par com a que está em sua mão, ficando com as cartas. Na sequência, repõe a carta que pegou da mesa com uma do monte e compra uma para a próxima rodada.
5. Quando não for possível montar um par com as cartas da mesa de acordo com o comando do professor, o jogador passa a vez.
6. O jogador que está à sua esquerda será o próximo.
7. O jogo termina quando as cartas acabarem.
8. O jogador que tiver o maior número de pares de cartas ao final do jogo é o vencedor e será o próximo carteador.

ATIVIDADES

1. Depois de jogar pela segunda vez com o seu grupo, responda às questões abaixo, utilizando as cartas se precisar.
   a) Quando Ana Paula foi a carteadora, deu o seguinte comando: "Formar um número que, multiplicado pela carta que você tem na mão, seja maior que 50". Nesse momento, na mesa estavam as cartas 4, 7, 2, 9, 10 e 5.
      • Cláudia estava com a carta 8 na mão. Que cartas ela poderia pescar para atender ao comando?
      • Denise estava com a carta 6 na mão. Que cartas ela poderia pescar para atender ao comando?
      • Vanessa estava com a carta 3 na mão. Ela poderia pescar alguma carta para atender ao comando?
   b) Carla, na sua vez de carteadora, deu o seguinte comando: "Formar um número que, multiplicado pela carta que você tem na mão, dê um produto que esteja entre 10 e 36 e que seja par". Na mesa estavam as cartas 8, 5, 3, 1, 6 e 4.
      • Aline estava com a carta 5 na mão. Que cartas ela poderia pescar para atender ao comando?
      • Rose estava com a carta 7 na mão. Que cartas ela poderia pescar para atender ao comando?
      • Izabel não conseguiu pescar. Que cartas ela poderia ter na mão?

2. Pense em uma aprendizagem que você teve com este jogo, algo que você não conhecia ou conheceu melhor, e escreva em uma folha. Seu professor escreverá um texto coletivo com as aprendizagens de todos para que vocês observem o quanto avançaram.

1° 2° 3° 4° **5°** ANO ESCOLAR

8 Jogo da borboleta: multiplicativo

Conteúdos
- Números naturais
- Cálculo Mental
- Multiplicação
- Comparação de quantidades

Objetivos
- Exercitar o cálculo mental
- Aprender a resolver problemas envolvendo a multiplicação
- Fazer comparação de quantidades

Recursos
- Um jogo de cartas especiais por grupo, folhas de papel em branco ou caderno, lápis e folha de atividades da p. 79

Descrição das etapas

- **Etapa 1**

Reúna a classe em grupos de quatro, entregue as cartas e deixe que as explorem livremente para conhecimento.

Diga que farão um jogo de multiplicação, que cada aluno receberá duas cartas e outras ficarão sobre a mesa. Faça com os alunos um levantamento de hipóteses sobre a realização do jogo.

Apresente a regra número 3 e deixe que discutam novas possibilidades de como prosseguir o jogo e de como vencê-lo.

- **Etapa 2**

Faça a leitura das regras do jogo coletivamente e confirme as hipóteses.

Chame um aluno e simule com ele uma rodada para que os outros observem.

É importante discutir que há situações em que eles terão possibilidades com novas cartas e, em outros momentos, somente com as mesmas cartas que estão em seu poder. Por exemplo, o resultado 21, que pode ser formado apenas pelos números 3 e 7. Questione o porquê dessa situação. Explique que são números que não aparecem em resultados de outras multiplicações.

Proporcione pelo menos duas rodadas, antes de propor as explorações da atividade 1, para que eles dominem as regras e a linha de raciocínio exigida dos jogadores.

Cartas especiais | 77

- **Etapa 3**

Peça aos alunos que leiam e discutam as questões da atividade 1 e pensem em respostas para elas. Caso perceba alguma necessidade, ofereça as cartas do jogo. Para finalizar, peça que cada grupo explique uma das questões. Deixe que os alunos expressem suas dúvidas e discuta-as. Peça aos alunos que registrem individualmente a atividade 1 no caderno.

- **Etapa 4**

Proporcione o jogo novamente e deixe que joguem pelo menos duas rodadas. A seguir, encaminhe a atividade 2. No item **b** desta atividade trabalha-se a resolução de problemas, pois o aluno tem que voltar à regra e analisá-la para responder.

Respostas

1. a) O produto é 24.
   b) Não. Deverá haver na mesa as cartas 3 e 7 novamente.
   c) Os pares 4 e 6, ou 8 e 3, ou o trio 2, 3 e 4.
   d) Sim. O número 8 ou os números 2 e 4.

2. a) Os trios 2, 3 e 4 ou 4 e 6.
   b) Tanto faz, porque, de acordo com a regra número 5, ganha quem tiver um maior número de conjuntos de cartas e não de número de cartas.

REGRAS

1. Cada jogador recebe duas cartas que deverão ficar viradas para cima, à sua frente, durante toda a partida.
2. Outras sete cartas são também colocadas com a face para cima em uma fileira no centro da mesa; as demais ficam em um monte para reposição.
3. Na sua vez, o jogador deve pegar as cartas do meio que forem necessárias para que consiga chegar ao mesmo produto que o de suas duas cartas. Por exemplo, se ele tem as cartas 4 e 10 e no centro da mesa há cartas 3, 4, 5, 7, 8, 9 e 10, ele poderá pegar as cartas 8 e 5 ou novamente as cartas 4 e 10, para obter o mesmo produto de suas duas cartas, que é 40.
4. Quando ele não conseguir mais formar conjuntos com seus produtos, deverá repor o número de cartas que usou do meio com outras do monte e passar a vez para o próximo.
5. Ao final do jogo, quem obtiver mais conjuntos de cartas com seus produtos vencerá.

ATIVIDADES

1. Após jogar algumas vezes, resolva estas situações-problema:
   a) Murilo recebeu as cartas 3 e 8. Qual é o produto dele durante a rodada?
   b) Heloísa recebeu as cartas 3 e 7. Há outras cartas diferentes dessas com as quais Heloísa possa conseguir o mesmo produto? Para que ela não passe a vez para o próximo sem jogar, que cartas deverá haver na mesa?
   c) Gabriela tem o produto 24. Quais cartas ela pode ter virado para conseguir esse produto?
   d) Danilo tem o produto 48. Na mesa há as cartas 2, 4, 5, 6, 8 e 9. Ele já pegou a carta 6. Existe mais de uma possibilidade de ele compor esse resultado? Se existe, quais são?

2. Na segunda vez em que a professora trabalhou com o jogo, Fernando ficou em dúvida em uma de suas jogadas. Ele recebeu as seguintes cartas:

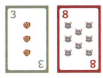

Na mesa estavam as cartas:

   a) Quais cartas ele poderia pegar para obter o mesmo produto?
   b) Fernando percebeu que poderia pegar duas ou três cartas para obter o mesmo produto. O que é mais vantajoso? Por quê?

Cartas especiais | 79

Fichas sobrepostas

Este material tem como objetivo principal trabalhar a relação entre a escrita de um número no Sistema de Numeração Decimal e sua decomposição nas ordens do sistema. No entanto, ele permite também a compreensão das operações de adição e subtração pela decomposição dos números que estão sendo adicionados ou subtraídos. Isso favorece o desenvolvimento no aluno de estratégias pessoais de cálculo e de cálculo mental.

Trata-se de um conjunto de fichas que permitem escrever os números de 0 a 99 999.

Por exemplo, para representar o número 2 471, utilizamos as fichas:

que devem ser sobrepostas para formar o número desejado:

As fichas permitem a percepção das diversas composições desse número:

2 471 = 2 000 + 400 + 70 + 1
2 471 = 2 400 + 71
2 471 = 2 070 + 401
2 471 = 2 001 + 470
2 471 = 2 000 + 470 + 1
⋮

Em cada ano, trabalha-se com uma parte das fichas de acordo com a ordem numérica mais adequada aos alunos. Assim, nas atividades para o 2º ano são utilizadas apenas as fichas até centenas, enquanto os anos seguintes usam as fichas com unidades de milhar ou mais. Tudo isso encontra-se indicado nas atividades propostas.

No volume 1 desta coleção foram apresentadas atividades específicas para a compreensão do Sistema de Numeração Decimal. Aqui nos deteremos no uso das fichas para aprendizagem das operações.

Os principais objetivos das atividades propostas com este material, neste volume, são:

- Retomar e aprofundar as propriedades e regularidades do Sistema de Numeração Decimal.
- Adicionar números pela decomposição nas ordens do Sistema de Numeração Decimal.
- Subtrair números pela decomposição nas ordens do Sistema de Numeração Decimal.
- Desenvolver procedimentos pessoais de cálculo.
- Desenvolver o cálculo mental.

O material

Existem fichas comercializadas, mas elas também podem ser feitas pelos alunos com facilidade. Basta disponibilizar para cada um deles uma cópia das fichas que se encontram nas páginas 185-190, colar as folhas em cartolina e recortar as fichas de modo que cada aluno tenha uma coleção de fichas com números de 0 a 9, as dezenas exatas de 10 a 90, as centenas exatas de 100 a 900 e as unidades de milhar exatas de 1 000 a 9 000. Se desejar ampliar o material, podem ser feitas também as fichas com dezenas de milhar exatas de 10 000 a 90 000.

Para baixar as fichas, em www.grupoa.com.br, acesse a página do livro por meio do campo de busca e clique em Área do Professor.

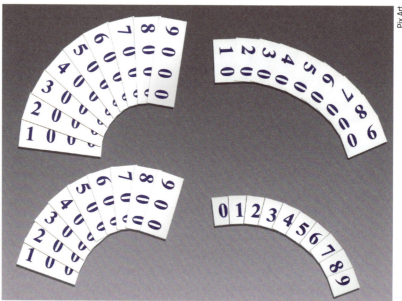

Fichas sobrepostas.

1° **2°** **3°** 4° 5° ANO ESCOLAR

1 Trocando pelo mesmo valor

Conteúdo
• Propriedades do Sistema de Numeração Decimal

Objetivos
• Perceber as possibilidades de números com dois algarismos que mantêm a mesma dezena
• Reconhecer a propriedade aditiva do Sistema de Numeração Decimal
• Compor e decompor números

Recurso
• Um jogo de fichas sobrepostas por grupo, caderno, lápis e folha de atividades da p. 85

Descrição das etapas

Esta é uma sequência de atividades de investigação. Peça aos grupos que se organizem e decidam a função de cada um: um aluno registra, outro controla o tempo e um terceiro coordena os trabalhos e mantém as fichas organizadas (que passa a ser o papel de um quarto aluno no grupo, quando o grupo tiver quatro alunos).
Dê autonomia para que os grupos desenvolvam as atividades, mas circule pela classe para estimular os trabalhos, instigá-los com perguntas, quando precisarem de auxílio. Oriente a organização dos registros.
Para a correção das atividades, desenvolva coletivamente as seguintes etapas:

• **Etapa 1**
Para as atividades 1 e 2, encontradas mais à frente, no item "Atividades", peça aos grupos que coloquem as sequências de respostas no quadro. Depois, pergunte aos alunos: "Quais fichas foram usadas?"; "Como fizeram para formar cada um dos números?".
Explore a superposição, por exemplo, da ficha 1 com a ficha 90, relacionando-a com a adição 90 + 1, 90 unidades com 1 unidade.

• **Etapa 2**
Para as atividades de 3 a 7, divida o quadro (ou use papel pardo) em cinco colunas (uma para cada atividade). Inicialmente, chame três alunos ao quadro e peça que registrem as respostas das questões 3, 4 e 5. Compare as três respostas, fazendo com que a classe perceba as diferentes decomposições do número 30.

Fichas sobrepostas | 83

Depois, continue com a correção das questões 6 e 7. Ajude-os a concluir que 20 + 10 e que 20 + 1 + 9 são decomposições do 30. Pergunte à classe se haveria muitas outras formas de se obter o 30. Acrescente algumas das sugestões na tabela.

- **Etapa 3**

Para as atividades 8, 9 e 10, peça a um grupo que responda e que os demais apresentem respostas diferentes, se houver.

Nas atividades 8 e 9, explore as duas possibilidades, de "sobra" ou "falta". Na atividade 10, discuta o significado de juntar ou tirar uma unidade e juntar ou tirar uma dezena, em que isso modifica o número.

Respostas

1. 70, 71, 72, 73, 74, 75, 76, 77, 78, 79. Fichas 70, 1, 2, 3, 4, 5, 6, 7, 8, 9.
2. 10 números. Fichas 90, 1, 2, 3, 4, 5, 6, 7, 8, 9.
3. 6 fichas: $5 + 5 + 5 + 5 + 5 + 5 = 30$.
4. $10 + 5 + 5 + 5 + 5 = 30$ e $10 + 10 + 5 + 5 = 30$
5. 30 fichas de 1 $(1 + 1 + 1 + ... + 1)$.

6. 10 $(20 + 10 = 30)$
7. 9 $(20 + 1 + 9 = 30)$
8. Possíveis respostas: sim, mas precisa juntar a ficha 1; não, porque falta a ficha 1.
9. Possíveis respostas: sim, mas tem que receber de volta uma ficha 1; não, porque vai sobrar uma ficha 1.
10. 1 (1 unidade); 10 (1 dezena).

ATIVIDADES

Use as fichas quando precisar.

1. Forme todos os números de dois algarismos que usam a ficha **70**. Que fichas você usou?

2. Com a ficha **90**, quantos números de dois algarismos você pode formar usando também outras fichas?

3. A ficha **30** pode ser trocada por três fichas **10**, pois 30 tem o mesmo valor que 10 + 10 + 10. Veja:

$$10 + 10 + 10 = 30$$

Por quantas fichas **5** pode ser trocada a ficha **30**? Explique.

4. Agora você vai trocar a ficha **30** por fichas **10** e **5**. Como pode ser feita essa troca? Há outra forma de fazer essa troca?

5. Por quantas fichas **1** pode ser trocada a ficha **30**?

6. Pegue a ficha **20**. Para trocá-la pela ficha **30**, que outra ficha você deve juntar a ela?

7. Qual a ficha que você precisa juntar com a ficha **20** e a ficha **1** para trocar pela ficha **30**?

8. Se você tem as fichas **6**, **4** e **9**, dá para trocar por uma ficha **20**? Explique.

9. Se você tem as fichas **7**, **6** e **8**, dá para trocar por uma ficha **20**? Explique.

10. Que ficha você precisa juntar à ficha **30** e à ficha **9** para obter o valor 40? E o valor 49?

Fichas sobrepostas | 85

1º **2º** 3º 4º 5º ANO ESCOLAR

2   O que é, o que é?

Conteúdo
- Propriedades do Sistema de Numeração Decimal

Objetivos
- Compor e decompor números
- Comparar e ordenar números
- Familiarizar-se com os conceitos de par, ímpar, sucessor, antecessor, crescente, decrescente, entre outros.

Recursos
- Um jogo de fichas sobrepostas por duplas ou trios, caderno e lápis

Descrição das etapas

fique atento!

É importante que o aluno compreenda as propriedades do Sistema de Numeração Decimal, identificando suas regularidades. Para apoiar o seu trabalho, destacamos:
- Existem dez algarismos para formar um número:
$$0, 1, 2, 3, 4, 5, 6, 7, 8 \text{ e } 9$$
- A base do sistema de numeração é decimal, base 10.
 Logo, as trocas são realizadas a cada agrupamento de 10 unidades.
- O zero indica a ausência de quantidades.
- O valor do algarismo é determinado pela posição que ele ocupa.
- O sistema é aditivo (exemplo: 126 é igual a 100 + 20 + 6).
- O sistema é multiplicativo (exemplo: 126 é igual a $1 \times 100 + 2 \times 10 + 6 \times 1$).

- **Etapa 1**

Depois de organizar os grupos e dispor as fichas sobrepostas, leia a atividade 1 com a classe. Verifique se todos compreenderam o texto e se há algum termo que lhes seja estranho.
Na sequência, deixe-os resolver a atividade nos grupos, com o máximo de autonomia.
Ao terminarem, peça a cada duas duplas, ou trios, que comparem os números que produziram; quando forem diferentes, decidam qual a resposta que atende melhor ao que foi proposto na atividade.

Fichas sobrepostas | 87

Depois que todos terminarem, escreva os números (respostas) no quadro e pergunte à classe se algum grupo tem uma resposta diferente. Em caso afirmativo, peça ao grupo que explique como pensou e, depois, peça a outro grupo que obteve a mesma resposta do quadro que explique seus argumentos, estabelecendo um debate até que todos estejam em acordo com os resultados que você colocou.

Para finalizar essa etapa, faça uma exploração do item **h**, número 222, perguntando à classe quanto vale cada 2 do número (2 centenas, 200; 2 dezenas, 20; e 2 unidades, 2). Se precisar, coloque no quadro e relembre com eles o quadro de valor posicional.

Nas respostas, colocamos alguns comentários que achamos importantes.

fique atento!

Quadro de valor posicional ou quadro de valor lugar é uma tabela organizada para a escrita de números separando-se os algarismos das centenas, das dezenas e das unidades. Ele pode ser feito no quadro ou você pode dispor de um modelo pronto para usar sempre que precisar. Veja o exemplo a seguir:

Centena	Dezena	Unidade
1	4	2

O importante é que o aluno perceba que cada algarismo possui um valor dependendo da posição que ocupa na escrita: o 1 vale 100, o 4 vale 40 e o 2 vale 2, por isso eles usam as fichas 100, 40 e 2 para formar o 142. Não fale em valor relativo e valor absoluto porque não são os nomes que importam.

- **Etapa 2**

Após a leitura da atividade 2, é indicado o mesmo processo desenvolvido na atividade 1. Os principais focos dessa atividade são destacar os significados de unidade, dezena e centena e analisar o papel do zero na escrita dos números.

- **Etapa 3**

Proponha às duplas, ou trios, que desenvolvam a atividade 3. Circule pela classe para perceber as hipóteses que eles apresentam e identificar os alunos que precisam de seu apoio. Faça uma correção coletiva, solicitando aos alunos que digam qual a ordem dos números.

Respostas

1. a) 31
b) 96 (pode aparecer a resposta 106, o que vale reforçar o fato de ter que ser o mais próximo de 100)

c) 1 001 (pode, erroneamente, aparecer a resposta 999, mas deve ser maior do que 1 000)
d) 60

e) 85
f) 50
g) 699
h) 222

2. a) 730
b) 748
c) 30

d) 75
e) 100
f) 199

3. 30; 31; 50; 60; 75; 85; 96; 100; 199; 222; 699; 730; 748; 1 001

ATIVIDADES

1. Você vai gostar deste desafio! Observe as dicas e descubra qual é o número, formando-o com as suas fichas. Não desfaça os números depois de formá-los, para no final comparar suas respostas com as de seus colegas.
   Dicas:
   a) É maior que 20, menor que 40, tem os algarismos 1 e 3.
   b) Tem o algarismo 6 e é o número mais próximo de 100.
   c) É o número mais próximo de 1 000 e maior que ele.
   d) Tem 6 dezenas, é par e está entre 57 e 61.
   e) É sucessor de 84.
   f) É antecessor de 51.
   g) É um número ímpar maior que 697 e menor que 701.
   h) Tem três algarismos 2.

2. Que tal formar mais números? O que é, o que é que tem...
   a) 2 unidades a mais que 728?
   b) 2 dezenas a mais que 728?
   c) 5 unidades a mais que 25?
   d) 5 dezenas a mais que 25?
   e) 1 unidade a mais que 99?
   f) 10 dezenas a mais que 99?

3. Agora, organize todos os números que você formou em ordem crescente. Depois, compare com os dos colegas.

1º **2º 3º** 4º 5º | ANO ESCOLAR

3 — O troca-troca da subtração

Conteúdos
- Propriedades do Sistema de Numeração Decimal
- Subtração

Objetivos
- Compor e decompor números
- Compreender a subtração pela decomposição decimal dos números

Recursos
- Um jogo de fichas sobrepostas por trios e/ou quartetos, caderno e lápis

Descrição das etapas

- **Etapa 1**

Depois de organizar os grupos e dispor as fichas sobrepostas, leia com a classe a atividade 1. Questione-os sobre os termos "tirar" e "diminuir": o que significa, o que precisa fazer, o que quer dizer "Quanto vai sobrar?".

Faça, coletivamente, o item **a** da atividade 1. Não mostre como fazer, mas estimule-os com perguntas para que eles desenvolvam o raciocínio e expressem o que deve ser feito. Em seguida, deixe-os resolver os itens **b**, **c** e **d** nos grupos, com o máximo de autonomia. Ao terminarem, faça a correção coletiva pedindo, a cada item, que um grupo vá ao quadro e mostre como fez. Os demais devem concordar, discordar ou ampliar a explicação. Você sistematiza organizando a forma de pensar as decomposições, as composições e os cálculos, bem como enfatiza a linguagem que comunica o pensamento organizado.

> **fique atento!**
>
> Trabalhar simultaneamente o Sistema de Numeração Decimal e as operações aproxima o aluno de uma aprendizagem mais significativa dos conceitos de números e operações, especialmente no que se refere à compreensão das técnicas operatórias. Esta atividade contribui para que o aluno, posteriormente, compreenda a lógica do algoritmo da subtração, em especial o significado do "empresta 1".

- **Etapa 2**

Proponha a atividade 2. Ela exige mais investigação por parte dos alunos. Leia o item **a**. Verifique a compreensão do texto, questionando, por exemplo: O que quer dizer "com uma única troca de ficha"? Em seguida, peça aos alunos que a desenvolvam. Ao terminarem,

Fichas sobrepostas | 91

solicite a um grupo que conte como fez o item **a**. Depois, pergunte à classe quem fez ou pensou diferente e dê espaço para que todos possam falar. Sistematize a correção e passe para o próximo item, seguindo o mesmo processo, até que os três sejam concluídos.
No final do processo, é o momento adequado para trabalhar o algoritmo da subtração, fazendo relação com a lógica utilizada com as fichas.

ATIVIDADES

1. Use as fichas para formar os números e, no caderno, escreva o que você fez em cada uma das propostas depois de resolvê-las.
   a) Forme o número 125. Para tirar 1 dezena, que ficha, ou fichas, é preciso trocar? Quanto irá sobrar?
   b) Forme o número 234. Para tirar 9 unidades, que ficha, ou fichas, é preciso trocar? Quanto irá sobrar?
   c) Forme o número 972. Para diminuir 40 unidades, que ficha, ou fichas, você precisa trocar? Que número irá obter?
   d) Forme o número 527. Para diminuir 30 unidades, que ficha, ou fichas, você precisa trocar? Que número irá obter?

2. a) Forme o número 762. Agora, com uma única troca de ficha, transforme-o no número 742. Quantas dezenas o 762 perdeu?
   b) Forme o número 429. Quantas trocas precisam ser feitas para obter o 417? Explique como você pensou.
   c) Forme o número 500. Quantas trocas precisam ser feitas para obter o número 450? Explique como você pensou.

Respostas

1. a) Basta trocar a ficha do 20, do 125, pela ficha do 10 (20 − 10), obtendo-se 115.
   b) Separam-se as fichas do 200 (2 centenas), do 30 (3 dezenas) e do 4 (4 unidades). Troca-se a ficha do 30 por uma de 20 e outra de 10 (20 + 10). A ficha do 10 é emprestada para se juntar com a ficha do 4 e formar 14. Do 14 tira-se o 9, sobrando 5 (14 − 9 = 5). Juntando as fichas que sobraram, 200, 20 e 5, forma-se o 225.
   c) Como 40 unidades são 4 dezenas, basta trocar a ficha do 70 pela ficha do 30, obtendo-se 932.
   d) Troca-se a ficha do 500 por uma de 400 e outra de 100 (400 + 100). A ficha do 100 é emprestada para juntar com a ficha do 20, formando 120, de onde serão tiradas as 30 unidades, sobrando 90 unidades. Obtém-se 497 ao juntar as fichas 400, 90 e 7.

2. a) Troca-se a ficha 60 pela ficha 40. Perdeu 2 dezenas (20 unidades): 762 − 20 = 742.
   b) Terá que trocar o 9 (9 unidades) por 7 (7 unidades), logo, perdeu 2 unidades. Troca o 20 (2 dezenas) por 10 (1 dezena); perdeu 1 dezena (10 unidades). Logo, ao todo, o 429 perdeu 12 unidades para obter 417.
   c) Terá que trocar a ficha de 500 por uma de 400 e outra de 100. O 100 é emprestado para a dezena, 10 dezenas, de onde se tira o 50, 5 dezenas, sobrando 50, 5 dezenas. Ao todo, sobraram o 400 e o 50, 450.

1° **2° 3°** 4° 5° | ANO ESCOLAR

4 O troca-troca da adição

Conteúdos
- Propriedades do Sistema de Numeração Decimal
- Adição com e sem reserva; algoritmo (conta armada)

Objetivos
- Compor e decompor números
- Compreender e diferenciar a ideia de adição com e sem reserva
- Relacionar a decomposição dos números com o algoritmo da adição

Recursos
- Um jogo de fichas sobrepostas por trios ou quartetos, caderno, lápis e folha de atividades da p. 95-96

Descrição das etapas

- **Etapa 1**

Nesta etapa será trabalhada a atividade 1. Depois de organizar os grupos e dispor as fichas sobrepostas, leia os itens **a**, **b** e **c** com os alunos e deixe-os resolver nos grupos. Ao terminarem, peça a eles que contem o que fizeram e o que perceberam de diferente entre os itens. É importante motivá-los a falar sobre o que pensaram, como fizeram etc. Depois, leia o item **d**, em que se pede para comparar o que foi feito na primeira parte da atividade e, trabalhando coletivamente, auxilie-os nas conclusões.

- **Etapa 2**

Nesta etapa, serão trabalhados os algoritmos da atividade 2. Solicite aos alunos que copiem os algoritmos no caderno e completem as contas, dando-lhes o tempo suficiente para isso. Naturalmente, para realizar essa parte da atividade o aluno deve ter conhecimento sobre o quadro de valor posicional. Ao terminarem, leia o item **d** e deixe-os debater nos grupos e escrever suas conclusões.

> **fique atento!**
>
> Esta atividade contribui para que o aluno compreenda a lógica do algoritmo da adição, que está, essencialmente, na noção de troca que caracteriza nosso sistema numérico. Analise o exemplo para calcular 36 + 12: converte-se o 36 em 30 + 6 e o 12 em 10 + 2. Em seguida, é preciso adicionar as unidades: 6 (do 36) + 2 (do 12) = 8. Depois, adicionam-se as dezenas: 30 (do 36) + 10 (do 12) = 40. Por fim, basta juntar os totais parciais encontrados: 40 + 8 = 48.

Fichas sobrepostas | 93

- **Etapa 3**

Solicite à classe que faça a atividade 3. A correção pode ser feita solicitando que três grupos registrem no quadro, um por vez, e expliquem aos colegas como fizeram cada cálculo.

Respostas

1. a) 81, usando as fichas 80 e 1. Trocar a ficha 1 pela ficha 5. Quatro, pois foi o quanto foi adicionado a 81 para obter o 85 (81 + 4 = 85).
   b) 86, usando as fichas 80 e 6. Trocar as fichas do 80 e do 6 pela ficha do 90. Quatro, pois foi o quanto foi adicionado a 86 para obter 90 (86 + 4 = 90).
   c) 96, usando as fichas 90 e 6. Trocar as duas fichas, de 90 e de 6, pela ficha de 100. Quatro, pois foi o quanto foi adicionado a 96 para obter 100 (96 + 4 = 100).
   d) Em todos os itens foi adicionado o 4 ao primeiro número formado. No item **a**, só houve troca apenas da ficha na posição da unidade; nos itens **b** e **c** houve troca na posição da unidade e da dezena.

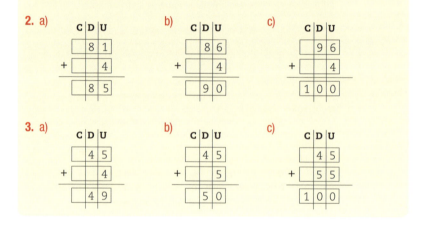

ATIVIDADES

1. a) Represente com as fichas um número de 2 algarismos que tenha o 8 na posição da dezena e o 1 na posição da unidade. Quais fichas você usou?
- Para obter o número 85, qual troca você deve fazer?
- Quanto o 85 é maior que o número anterior?

b) Represente com as fichas um número de 2 algarismos que tenha o 8 na posição da dezena e o 6 na posição da unidade. Quais fichas você usou?
- Para obter o número 90, qual troca você deve fazer?
- Quanto o 90 é maior que o número anterior?

c) Represente com as fichas um número de 2 algarismos que tenha o 9 na posição da dezena e o 6 na posição da unidade. Quais fichas você usou?
- Para obter o número 100, qual troca você deve fazer?
- Quanto o 100 é maior que o número anterior?

d) Compare o que foi feito na primeira parte desta atividade e explique as semelhanças e diferenças entre as trocas que você fez em cada uma delas.

2. Agora você vai representar numa conta armada as trocas que fez, preenchendo em seu caderno os retângulos vazios no quadro de valor posicional.

	C	D	U
a) O número que você formou:		8	1
O número que adicionou para obter o 85: +			
O 85 é a soma.		8	5

	C	D	U
b) O número que você formou:		8	6
O número que adicionou para obter o 90: +			
O 90 é a soma.		9	0

	C	D	U
c) O número que você formou:		9	6
O número que adicionou para obter o 100: +			
O 100 é a soma.	1	0	0

d) Agora, explique:
O que aconteceu com as unidades e dezenas de cada número que você formou quando adicionou 4 unidades a cada um deles?

3. Use as fichas para formar os números e fazer as trocas pedidas. Depois, represente no caderno as contas armadas correspondentes, organizando um quadro de valor posicional:

a) Forme o 45 e faça as trocas necessárias para obter o 49.

b) Forme o 45 e faça as trocas necessárias para obter o 50.

c) Forme o 45 e faça as trocas necessárias para obter o 100.

1° 2° **3° 4°** 5° ANO ESCOLAR

5 Multiplicando como Didi

Conteúdos
- Propriedades do Sistema de Numeração Decimal
- Multiplicação

Objetivos
- Compor e decompor números em acordo com o valor posicional dos algarismos
- Desenvolver cálculo mental para produtos de números com dois algarismos por números de um algarismo

Recursos
- Um jogo de fichas sobrepostas por trios e quartetos, caderno, lápis e folha de atividades da p. 99-100

Descrição das etapas

- **Etapa 1**

Depois de organizar os grupos e dispor as fichas sobrepostas, promova a leitura da primeira história, por exemplo, pedindo que, inicialmente, cada aluno leia silenciosamente; na sequência, faça uma leitura, pausada, pedindo, a cada avanço das explicações sobre como Didi pensou, que os alunos falem sobre o entendimento deles. Após essa exploração do texto, deixe os grupos trabalharem com autonomia a proposta da primeira história, solicitando que façam outra leitura usando as fichas e só depois as operações solicitadas.

O cálculo mental amplia a compreensão dos números e favorece a compreensão dos algoritmos quando é realizado um trabalho regular em que as crianças possam pensar sobre como raciocinaram para achar um resultado ou, ainda, quando confrontam a forma com que pensaram com aquela desenvolvida por outra pessoa, apoiando-se nos conhecimentos matemáticos que já têm. Essa é a proposta nesta atividade: estabelecer uma reflexão sobre uma forma de calcular mentalmente, para que os alunos possam refletir sobre seu próprio processo de cálculo mental e ampliar seu repertório de procedimentos operatórios, compreendendo a lógica e os porquês envolvidos nas técnicas.

Circule entre os grupos para verificar como seus alunos fazem as resoluções e as dificuldades que apresentam, e auxiliando aqueles que insistem no uso de lápis e papel para armar as contas.

Ao término da atividade, peça que quatro alunos de diferentes grupos, um por vez, mostrem suas resoluções para toda a classe. É importante desenvolver uma correção bem dinâmica, em que todos possam sanar suas dúvidas e ampliar o que já sabem. Faça da correção um momento de aprendizagem, explorando as propriedades do sistema e o raciocínio da multiplicação.

- **Etapa 2**

Dentre as diferentes formas de se resolver uma multiplicação, é apresentada a decomposição do número que se baseia nas propriedades características do nosso sistema numérico. Esta também se apresenta como uma importante etapa que antecede a compreensão do algoritmo da multiplicação com o "vai 1". Desenvolva o mesmo processo da etapa anterior para a segunda história. Observe, na correção do item 1, se seus alunos apresentam a compreensão de que o número obtido é maior do que 10 dezenas, formando a centena. Promova um debate com base nas respostas dos alunos.

As questões do item 2 permitem que você possa avaliar o que seus alunos já sabem sobre a operação de multiplicação. Motive a apresentação de todas as diferentes respostas dos grupos.

Respostas

Primeira história:
a) 84
b) 93
c) 66
d) 88

Segunda história:
1. Porque o resultado é maior que 100.
2. a) 155
b) 284
c) 156
d) 128

ATIVIDADES

Leia as histórias de Didi e depois faça o que se pede.

Primeira história

Didi precisava comprar 4 metros de tecido para sua avó fazer a cortina do seu quarto. O preço do metro de tecido era 12 reais. Para calcular o gasto que teria, Didi lembrou do que havia aprendido sobre as fichas sobrepostas e pensou assim: o número 12 é formado pela ficha 1 0 e pela ficha 2 .

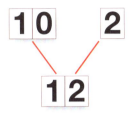

Então, para multiplicar o 12 por 4, basta multiplicar uma dezena (10) por 4 e 2 unidades por 4:

$$12 \times 4 = 10 \times 4 + 2 \times 4$$

Se representarmos com uma conta armada o pensamento de Didi, temos:

$$\begin{array}{r} 10 + 2 \\ \times 4 \\ \hline 40 + 8 \end{array}$$

Dessa forma, Didi concluiu que com a ficha 4 0 e a ficha 8 ele formaria o número 48:

$$12 \times 4 = 48$$

Logo, o gasto para comprar o tecido da cortina do seu quarto seria de 48 reais.

Agora, use suas fichas para seguir os mesmos passos de Didi. Depois, converse com seus companheiros de grupo para ver se todos entenderam como Didi fez a multiplicação.

Pense e registre:

Usando a mesma forma que Didi pensou para multiplicar o 12 por 4, com suas fichas, faça as seguintes multiplicações, sem armar as contas:
    a) 42 × 2
    b) 31 × 3
    c) 11 × 6
    d) 22 × 4

Segunda história

Agora, Didi queria comprar 3 quadros para presentear seus pais no Natal. Ele verificou que cada um dos quadros custa 42 reais, mas precisa saber quanto ele teria que pagar no total. Para fazer o cálculo, Didi usou as fichas sobrepostas e pensou assim: para formar o número 42, vou usar a ficha 40 , que representa 4 dezenas, e a ficha 2 , que representa 2 unidades.

Então, para multiplicar o 42 por 3, basta multiplicar 2 unidades por 3 e 4 dezenas por 3:

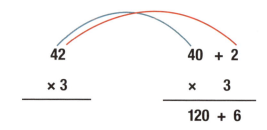

Para formar o resultado, Didi percebeu que precisava usar a ficha 100 e a ficha 20 para formar 120. Depois, juntou a ficha 6 e formou o 126.

$$42 \times 3 = 126$$

Assim, concluiu:
– O valor que devo pagar é 126 reais. Hummm... é muito caro. Vou ter que escolher outro presente!

Com suas fichas, faça a mesma multiplicação que Didi. Depois, converse com seus companheiros de grupo para ver se todos entenderam como Didi fez a multiplicação.

Pense e registre:

1. Por que Didi teve que usar três fichas para formar o resultado dessa multiplicação?

2. Usando as fichas, faça as multiplicações, da forma como Didi fez, sem armar as contas:
    a) 31 × 5
    b) 71 × 4
    c) 52 × 3
    d) 64 × 2

1º 2º 3º **4º 5º** ANO ESCOLAR

6 Investigue e responda

Conteúdo
- Propriedades do Sistema de Numeração Decimal

Objetivos
- Compreender o Sistema de Numeração Decimal, compondo e decompondo números
- Ler e escrever números
- Resolver problema envolvendo as regras do Sistema de Numeração Decimal

Recursos
- Um jogo de fichas sobrepostas por trios ou quartetos, caderno e lápis

Descrição das etapas

fique atento!

Aqui, é feita basicamente uma exploração de todas as propriedades do nosso sistema de numeração. Assim, é indicado que esta sequência de atividades seja desenvolvida depois que o trabalho com o Sistema de Numeração Decimal já esteja bem avançado. Ela pode também ser utilizada como instrumento de avaliação, a partir do qual você poderá perceber as lacunas na aprendizagem para planejar suas próximas ações.

- **Etapa 1**
Esta etapa corresponde ao desenvolvimento da atividade 1. Depois de organizar os grupos e dispor as fichas sobrepostas, escreva no quadro a atividade e leia-a com a classe. Verifique se todos compreenderam o texto, se há algum termo que lhes seja estranho ou se precisam que você coloque no quadro e relembre com eles o quadro de valor posicional. Deixe-os resolver a atividade nos grupos.

fique atento!

Circule na classe para perceber as compreensões e incompreensões, auxilie quando necessário e estimule a investigação, tanto dos procedimentos matemáticos quanto da interpretação do texto. Procure perceber quais alunos precisam de apoio e quais os significados que ainda não estão tão bem apropriados.
Desenvolva a correção solicitando, a cada proposta, que um grupo vá ao quadro para colocar sua resposta. Os demais devem concordar, discordar ou complementar. É importante desenvolver uma correção bem dinâmica, em que todos possam sanar suas dúvidas e ampliar o que já sabem. Faça da correção um momento de aprendizagem, explorando as propriedades do sistema.

Fichas sobrepostas | 101

- **Etapa 2**

Escreva no quadro a atividade 2. Depois peça aos grupos que façam a leitura dela e escrevam suas possíveis dúvidas ou incompreensões. Proceda a uma conversa com a classe solicitando que exponham o que assinalaram, para que os esclarecimentos sejam feitos coletivamente. Peça, então, que desenvolvam a atividade, de acordo com o mesmo processo orientado na Etapa 1. Na correção do item **b**, é importante analisar coletivamente todas as possibilidades que foram desenvolvidas pelos grupos.

ATIVIDADES

Use as fichas para formar os números e registre suas respostas no caderno.

1. Forme o número 25 674 e, depois, investigue e responda:
   a) Como se escreve esse número por extenso?
   b) Esse número é par ou ímpar? Como você sabe?
   c) Esse número é mais próximo de 25 000 ou de 26 000? Por quê?
   d) Para trocar esse número pelo mesmo valor usando somente fichas de 10 000, 1 000, 100, 10 e 1, quantas fichas você precisa de cada um desses valores?
   e) Quantas dezenas de milhar tem esse número?
   f) Qual o algarismo que ocupa a posição da unidade de milhar?
   g) Quais fichas você deve trocar para obter o número 25 680? Que operação isso significa?

2. Forme o número setenta e três mil, seiscentos e oitenta e, depois, investigue e responda:
   a) Qual é o número terminado com 00 mais próximo desse número? Escreva no caderno como você pensou.
   b) Que número pode ser adicionado ou subtraído para que apareça 0 no lugar do 6?
   c) Que número deve ser adicionado ou subtraído desse número para que apareça 0 no lugar do 3, sem alterar os demais algarismos do número?
   d) Com as fichas, forme o número que, adicionado ao 73 680, terá como resultado 80 000 (tente não fazer o cálculo no papel; use as fichas para fazer isso "de cabeça"!).

Respostas

1. a) Vinte e cinco mil, seiscentos e setenta e quatro.
   b) Par, pois tem o 4 na unidade (com o quatro podem ser formados dois pares de palitos, por exemplo).
   c) Mais próximo de 26 000, pois é maior que 25 500, que está na metade entre 25 000 e 26 000.
   d) 2 × 10 000; 5 × 1 000; 6 × 100; 7 × 10 e 4 × 1.
   e) 2 dezenas de milhar.
   f) 5
   g) Trocar a ficha 70 pela ficha 80 e tirar a ficha da unidade; adicionar 6 unidades ao número.

2. a) 73 700
   b) São várias as possibilidades: subtrair 600 ou adicionar 320 são algumas delas.
   c) Subtrair 3 000.
   d) 6 320

1º 2º 3º **4º 5º** ANO ESCOLAR

7 Quebrando a cuca

Conteúdo
- Propriedades do Sistema de Numeração Decimal

Objetivos
- Perceber várias formas de se obter um mesmo número
- Resolver problemas com várias soluções ou sem solução
- Desenvolver habilidades de cálculo mental

Recursos
- Um jogo de fichas sobrepostas por trios ou quartetos, caderno e lápis

Descrição das etapas

- **Etapa 1**

Peça aos grupos que se organizem e leiam as regras. Depois, pergunte se as entenderam e, para reforçar, peça a cada um que faça um comentário sobre as regras estabelecidas. Em seguida, oriente os alunos a fazerem as atividades 1 e 2.

Há vários desafios para os alunos, dentre eles, ter que formular uma resposta diferente dos demais. Esse é um dos aspectos essenciais para que os objetivos sejam alcançados. O outro aspecto essencial é seguir as regras, pois dessa forma alguns precisam colaborar com os outros e, em consequência, se deparar com uma solução diferente da que pensou inicialmente.

A forma como se desenvolverá a correção também pode propiciar um rico momento de investigação e aprendizagem. Para tanto, organize dois painéis, um para a atividade 1 e outro para a 2, usando o quadro ou folhas de papel pardo. Divida cada um deles em duas partes, uma para o item **a** e outra para o item **b**. Depois que todos os grupos terminarem a atividade, peça a cada um que coloque as respostas do seu grupo, de forma organizada, em cada um dos painéis.

Para a exploração de cada um dos painéis, articule um debate sobre as respostas: todas são coerentes com a pergunta? Diferentes grupos apresentaram a mesma resposta? Quais as respostas que foram lembradas por todos?...

Verifique que a atividade 1 tem várias possibilidades de resposta, por exemplo: 25 + 25; 16 + 34; 20 + 30. Uma possibilidade para responder aos itens **a** e **b** é substituir as fichas por outras que tenham 10 vezes os mesmos valores. Como exemplo, considerando a resposta anterior, 20 + 30, trocar o 20 pelo 200 (20 × 10) e o 30 pelo 300 (30 × 10). Da mesma forma, na atividade 2, algumas possíveis respostas são: 6 − 1; 74 − 69; 10 − 5; 200 − 195. Nos itens **a** e **b**, tal como na atividade anterior, é possível substituir as fichas por outras 10 vezes maior, para a diferença 50, e 100 vezes maior, para a diferença 500.

Fichas sobrepostas | 103

- **Etapa 2**

Proponha as atividades 3 e 4 e, na sequência, corrija da mesma forma como foi orientado para a etapa anterior. Verifique que a atividade 3 também tem várias possibilidades de resposta: 90 – 80; 78 – 68; 95 – 85... Porém, não há nenhuma resposta para a diferença 100. Aqui, geralmente o aluno diz que há algum erro ou que é pegadinha. Discuta esses posicionamentos com eles: todos os problemas necessariamente têm uma solução?
A atividade 4 admite várias respostas, como 900 – 890... e 900 – 800...

- **Etapa 3**

A atividade 5 exige maior tempo de investigação. Verifique que o aluno terá, necessariamente, que usar uma das fichas 900, 800 ou 700. Perceba que com 6 centenas ou menos não se consegue formar três números que somem um valor maior que 2 097. Como será que eles se saírão desse desafio? Estarão negociando as fichas com os colegas para, por exemplo, formar 808 + 808 + 808; 999 + 999 + 426? Circule na classe e registre as dificuldades e os avanços de cada um. Na correção, incentive os alunos a contar como pensaram as respostas que encontraram.

REGRAS

Leia as regras a seguir e, depois, quebre a cuca para responder às propostas.
1. Formar grupos de 3 ou 4 alunos.
2. Ninguém do mesmo grupo pode encontrar as mesmas respostas de alguém do seu grupo.
3. Todos devem registrar no caderno a sua resposta e as respostas de cada um dos componentes do grupo, identificando o nome do "dono" de cada uma das respostas.
4. Os alunos do mesmo grupo devem se ajudar de tal forma que ninguém avance para uma próxima proposta enquanto todos não tiverem concluído e registrado as respostas da proposta que estiverem fazendo.
5. Cada um dos componentes do grupo usa o seu conjunto de fichas, mas, se precisar de uma ficha repetida, deve negociar uma troca com outro componente do grupo.
6. De preferência, todos devem fazer os cálculos de cabeça e não usar lápis e papel ou calculadora para encontrar as respostas.

ATIVIDADES

1. Use as fichas para encontrar dois números cuja soma seja 50.
   a) Quais as alterações a serem feitas nesses números para que a soma seja 500?
   b) E para que juntos somem 5 000?
2. Use as fichas para encontrar dois números cuja diferença seja 5.
   a) Quais as alterações a serem feitas nesses números para que a diferença seja 50?
   b) E para que a diferença seja 500?
3. Use apenas as fichas de 1 a 100 para encontrar 10 pares de números cuja diferença seja 10 e, depois, 10 pares de números cuja diferença seja 100.
4. Agora, use apenas as fichas de 100 a 1 000 para encontrar 10 pares de números cuja diferença seja 10 e, depois, 10 pares de números cuja diferença seja 100.
5. Com as fichas de 10 a 900, forme três números que, somados, tenham como resultado 2 424.

1º 2º 3º 4º **5º** ANO ESCOLAR

8 Quanto mais, melhor!

Conteúdos
- Propriedades do Sistema de Numeração Decimal
- Multiplicação por 1000
- Adição

Objetivos
- Compreender as regularidades do Sistema de Numeração Decimal
- Perceber as propriedades aditiva e multiplicativa do sistema
- Desenvolver cálculo mental da multiplicação por 1 000
- Perceber a decomposição decimal dos números em uma sequência de adições

Recursos
- Um jogo de fichas sobrepostas por grupo, folha de papel, lápis e dado

Descrição das etapas

- **Etapa 1**

Organize os grupos, entregue o material que será usado no jogo e leia para os alunos o item "Para organizar o jogo", de modo que os grupos se preparem para realizar a atividade. Quando todos estiverem prontos, leia com a classe as regras.

Faça a simulação de uma jogada com um grupo, tendo os demais como observadores, para que todos possam verificar se as regras estão compreendidas e, depois, jogar com autonomia. É importante orientar os grupos para que todos os componentes se ajudem, mas só quando quem estiver jogando pedir ajuda (dar o tempo de que cada um precisa para resolver o seu cálculo) ou quando os jogadores não concordarem com as contas do colega. Peça aos grupos que façam uma simulação de uma única jogada (sem "estar valendo") para que todos possam tirar suas dúvidas.

Durante o jogo, circule pela classe observando como os alunos procedem e ajudando-os a se organizar como grupo.

Quando os alunos terminarem o jogo, converse com eles, pedindo que contem se tiveram dificuldade com os comandos, se houve situações não previstas nas regras e como o grupo as resolveu, o que eles aprenderam com o jogo etc. Explore situações que eles relatem e provoque outras explorações, por exemplo, sobre o cálculo de multiplicação por

Fichas sobrepostas | 105

1000 mentalmente: eles perceberam que bastava acrescentar 3 zeros ao número que saía no dado?

Escreva no quadro a folha de registro de um dos grupos para que eles possam perceber como os números foram formados, por exemplo: $10\,000 + 4 \times 1\,000 + 6 \times 1\,000 \ldots$

- **Etapa 2**

É indicado que esta etapa seja desenvolvida em um dia diferente do da etapa anterior. Aqui, os alunos jogam e depois desenvolvem nos mesmos grupos as atividades. Você aproveita para circular pela classe e observar os alunos sem autonomia para cálculo, os que apresentam mais domínio do cálculo mental, as relações que eles estão estabelecendo entre os cálculos que resolvem e o número que formam (regras do Sistema de Numeração Decimal), e aqueles que precisam ser mais trabalhados para essa habilidade.

Para a correção, peça a diferentes grupos (um por vez) que coloquem suas respostas das atividades no quadro. Depois, solicite a cada um que conte como chegou às respostas.

Depois da correção, peça aos alunos que escrevam um texto com o título: "O que aprendemos com o jogo quanto mais, melhor".

REGRAS

1. O jogo inicia com a ficha 10 000 colocada no centro do grupo.
2. Na folha de papel, escreve-se 10 000.
3. O primeiro jogador joga o dado, verifica o número obtido e o multiplica por 1 000. Pega a ficha correspondente ao resultado da multiplicação e a adiciona ao 10 000 inicial, fazendo as trocas necessárias para formar o novo número. Por exemplo, se ao jogar o dado sair o número 4, tem-se $4 \times 1\,000 = 4\,000$. Pega-se a ficha 4 000, coloca-se abaixo de 10 000 e pensa-se o resultado da adição.
4. O jogador pega as fichas e forma o número correspondente ao resultado. Esse será o novo número para o próximo jogador. Na folha de papel, registra-se o cálculo feito.
5. A partir do novo número formado, o próximo jogador deve fazer o mesmo processo.
6. Cada novo resultado fica no centro do grupo e as fichas substituídas voltam para os montes de fichas.
7. O primeiro jogador que chegar a um número maior do que 100 000 grita: "quanto mais, melhor". Ele é o vencedor dessa jogada.

Para organizar o jogo

1. A ficha 10 000 deve ser colocada no centro do grupo para iniciar o jogo. As demais fichas são embaralhadas e organizadas em montes com as faces viradas para baixo.
2. Os participantes do grupo decidem a ordem em que jogarão.
3. Na folha de papel, todos do grupo escrevem seus nomes na ordem em que irão jogar.

ATIVIDADES

1. Como você sabe, o número 4 000 (quatro mil), por exemplo, corresponde a 4 vezes uma unidade de milhar. Então, pense e responda:
   a) Ao jogar o dado e sair o 6, quantas unidades de milhar você teria de adicionar ao número que estava sobre a mesa?
   b) Ao jogar o dado e sair o número 3, quantas unidades você teria de adicionar ao número que estava sobre a mesa? Quantas unidades de milhar seriam acrescentadas ao número que estava sobre a mesa?

2. O número que "sai" no dado é o que comanda quanto tem que adicionar, certo? Então, pense e responda:
   a) Quantas vezes um grupo tem de jogar para, a partir do 10 000, ganhar o jogo, se em todas as jogadas só "sair" no dado o número 1?
   b) E se em todas as jogadas só saísse o número 3, quantas jogadas o grupo faria?

3. Na vez de um jogador jogar, o número que estava no centro era 96 000. Qual o menor número que deveria "sair" no dado para que o grupo ganhasse o jogo?

4. Da forma como as regras do jogo estão escritas, seria possível, na vez de um jogador, ele ter sobre a mesa o número 84 300? Explique.

Respostas

1. a) 6 unidades de milhar
   b) 3 000 unidades; 3 unidades de milhar
2. a) 90 vezes
   b) 30 vezes
3. 5
4. Não, pois as somas variam de 1 000 em 1 000 (milhar em milhar); logo, não teria como ter variação na centena.

1° 2° 3° **4° 5°** ANO ESCOLAR

9 Quanto menos, melhor!

Conteúdos
- Propriedades do Sistema de Numeração Decimal
- Multiplicação por 100
- Subtração

Objetivos
- Compreender as regularidades do Sistema de Numeração Decimal
- Perceber as propriedades aditiva e multiplicativa do sistema
- Desenvolver cálculo mental com a multiplicação do 100

Recursos
- Um jogo de fichas sobrepostas por grupo, folha, lápis e dado

Descrição das etapas

Organize os grupos, entregue o material que será usado no jogo e leia para os alunos o item "Para organizar o jogo" e as regras.
Faça a simulação de uma jogada com um grupo, tendo os demais como observadores, para que todos possam verificar se as regras estão compreendidas e, depois, jogar com autonomia. Incentive o cálculo mental.
Quando os alunos terminarem o jogo, promova uma conversa com a classe, pedindo que contem se tiveram dificuldade com as regras do jogo, se houve situações não previstas nas regras e como o grupo as resolveu, o que eles aprenderam com esse jogo etc. Explore situações que eles relatem e provoque outras explorações, por exemplo, sobre o cálculo mental da multiplicação por 100: eles perceberam que bastava acrescentar 2 zeros ao número que saía no dado?
Ao final, escolha os registros de um grupo, coloque-os no quadro e reescreva alguns deles de forma que os alunos possam perceber as multiplicações e subtrações feitas, por exemplo: $4000 - 3 \times 100 = 3700$; $3700 - 6 \times 100 = 3100$; ...

Para organizar o jogo
1. O grupo deve decidir a melhor forma de organizar as fichas, para o bom desenvolvimento do jogo. A ficha 4 000 é para iniciar o jogo.
2. Os alunos do grupo decidem a ordem em que jogarão.
3. Na folha de papel, todos do grupo escrevem seus nomes na ordem em que irão jogar.

REGRAS

1. O jogo inicia com a ficha 4000 colocada no centro do grupo.
2. Na folha de papel, escreve-se 4000.
3. O primeiro jogador joga o dado, verifica o número obtido e o multiplica por 100. Pega a ficha correspondente ao resultado da multiplicação e a subtrai de 4000, fazendo as trocas necessárias para formar o novo número. Por exemplo, se ao jogar o dado sair o número 4, tem-se $4 \times 100 = 400$. Pega-se a ficha 400, coloca-se abaixo de 4000 e pensa-se o resultado da subtração.
4. O jogador pega as fichas e forma o número correspondente ao resultado. Esse será o novo número para o próximo jogador. Na folha de papel, registra-se o cálculo feito. No caso do exemplo, o aluno forma o 3600.
5. A partir do novo número formado, é a vez do próximo jogador fazer o mesmo processo.
6. O primeiro que chegar a um número menor que 1000 grita: "Quanto menos, melhor" e vence o jogo.

Apêndice: Calculadora

A calculadora, assim como o computador, é um recurso de ensino – especialmente nas aulas de matemática – que tem sido motivo de discussão e investigação por muitos educadores nos últimos 30 anos.

Apesar de não se tratar de um material manipulativo como os demais recursos apresentados nos blocos anteriores, uma vez que foi criada com o objetivo de simplificar o trabalho humano de calcular, sabemos que com a proposição de atividades adequadas, digitando e observando o visor da máquina os alunos podem formular hipóteses e perceber regularidades do Sistema de Numeração Decimal e das Operações.

Assim como os demais materiais, como recurso para a aprendizagem a calculadora não é um fim em si mesma. Ela apoia a atividade que tem como objetivo levar à construção de uma ideia ou procedimento pela reflexão.

Pretendemos mostrar toda uma concepção sobre o uso da calculadora como recurso didático a partir de atividades propostas para a calculadora simples e que se destinam a alunos de 3º, 4º e 5º anos do Ensino Fundamental.

Para isso, escolhemos uma forma que consideramos prática para explicitar nossa proposta. A forma e as explorações sugeridas para cada uma das atividades devem revelar como concebemos uma proposta diferenciada para o uso da calculadora nas aulas de matemática.

De forma breve, é importante destacar as principais características de nossa concepção de ensino relativa a esse recurso para o ensino de matemática.

A primeira delas é, sem dúvida, o interesse envolvido na quebra da rotina da sala de aula e no apelo lúdico da máquina. No entanto, é importante que essa motivação seja gerada pela aprendizagem resultante de cada atividade. O aluno que se percebe aprendendo se envolve, quer ir além.

Isso tem uma implicação muito grande na forma como propomos as atividades, especialmente nas etapas posteriores à aula com a calculadora, quando o aluno é incentivado a refletir sobre o que aprendeu e a valorizar essa aprendizagem. A escrita e a oralidade são recursos para favorecer essa reflexão, dando ao aluno a oportunidade de organizar seu pensamento e construir novas argumentações para se comunicar com seus colegas ou com o professor.

Como Smole e Diniz (2001, p. 95), acreditamos que:

> [...] não importa se a situação a ser resolvida é aplicada, se vai ao encontro das necessidades ou dos interesses do aluno, se é lúdica ou aberta; o que podemos afirmar é que a motivação do aluno está em sua percepção de estar apropriando-se ativamente do conhecimento, ou seja, a alegria de conquistar o saber, de participar da elaboração de ideias e procedimentos gera incentivo para aprender e continuar a aprender.

Calculadora

Ainda em relação ao fator do interesse do aluno, o recurso da calculadora se caracteriza por ser dinâmico, permitindo a realização de atividades que seriam demoradas ou muito trabalhosas se feitas com lápis e papel. Um maior número de atividades no tempo de uma aula e a possibilidade de tentar, refazer e constatar com rapidez permitem que o aluno tenha uma visão mais geral de sua aprendizagem dentro de uma unidade de trabalho. De fato, sabemos que muitas vezes essa percepção não é alcançada quando as atividades que encaminham uma conclusão se distribuem em várias aulas em diferentes dias ou semanas.

Outro argumento a favor da utilização da calculadora em aula é o respeito aos diferentes ritmos de aprendizagem e a valorização do conhecimento individual. Frente à máquina, com uma proposta de trabalho bem elaborada pelo professor, o aluno pode trabalhar sozinho ou com um ou dois colegas em seu próprio ritmo; seu conhecimento e habilidade permitem que ele possa se desenvolver e auxiliar seus colegas ou aprender com eles, independentemente da presença do professor.

Para isso, é importante haver o material produzido para as atividades, calculadoras em quantidade suficiente e que as explicações gerais sejam feitas pelo professor antes da distribuição das máquinas. Frente à calculadora deve estar claro o que exatamente se espera que seja feito para que haja condições para o trabalho autônomo. Evita-se, assim, a dispersão da classe, o desgaste do professor para obter a atenção da classe, e aproveita-se melhor o tempo disponível para o uso da calculadora.

Pix Art

Além da aprendizagem de conceitos específicos, a calculadora propicia a formulação de hipóteses, a observação de regularidades e a resolução de problemas mais complexos. Nesse sentido, colabora muito com o processo de ensino e aprendizagem, pois permite com facilidade a tentativa e a autocorreção, a checagem de hipóteses e a construção de modelos ou representações, como poderemos ver nas atividades a seguir.

Finalmente, mas não menos importante, com a calculadora, ao mesmo tempo em que o aluno aprende matemática e valiosas formas de pensar, ele passa a conhecer esse recurso, as possibilidades e limitações da máquina e se insere no mundo da tecnologia. Não se trata de tornar os alunos especialistas em calculadora, mas de se apropriar de uma ferramenta para aprender.

Sem essa última visão sobre o potencial desse recurso, corremos o risco de tornar as aulas com a máquina muito semelhantes às aulas com quadro e giz, limitando a ação do aluno a ler e responder perguntas, preencher lacunas em textos, exercitar sua memória ou fixar técnicas e procedimentos de cálculo ou de qualquer outro tema da matemática.

Por esse motivo, as atividades que propomos têm como objetivo trabalhar simultaneamente conteúdos matemáticos e ensinar os comandos da calculadora, à medida que forem necessários.

1° 2° **3°** 4° 5° | ANO ESCOLAR

1 Investigando a calculadora

Conteúdo
- Adição, subtração, multiplicação e divisão de números naturais

Objetivos
- Explorar a calculadora como recurso para calcular
- Enfrentar problemas e buscar um modo de solucioná-los

Organizadas em uma roda com toda a classe.

Recursos
- Uma calculadora por dupla e folha de atividades da p. 117

Descrição das etapas

- **Etapa 1**

Cada aluno deve se sentar no círculo ao lado do seu par. Leia com a classe o primeiro parágrafo do item "Atividades", mais à frente. Desenvolva, com base nas questões propostas, uma conversa, solicitando inicialmente que os alunos pensem um pouco sobre quais respostas teriam para tais perguntas. Estimule-os a falar e ajude-os a organizar o debate. Utilize a figura do item "Atividades" e só entregue a calculadora para os alunos na Etapa 2.

Anote no quadro, de forma resumida, tudo o que disserem e que for importante como conhecimento para o manuseio da calculadora ou para a compreensão de sua serventia. Depois, organize as anotações fazendo uma síntese coletiva.

- **Etapa 2**

Esta etapa pode ser explorada em duas ou três aulas. Peça a cada dupla que pegue uma calculadora. Antes de desenvolver as atividades, as calculadoras precisam estar com os registros limpos. Oriente-os a ler a atividade 1 e perguntar o que não entenderam, se há alguma palavra desconhecida. Enquanto eles desenvolvem a atividade, circule na classe auxiliando-os quando necessário. Ao terminarem, a correção pode ser feita com uma dupla lendo a atividade 1, incluindo o que preencheram. Após a leitura, pergunte à turma se eles concordam com o que os colegas disseram. Se alguém deu uma resposta diferente, solicite a cada dupla que argumente a sua resposta. A turma decide o que é mais válido.

Repita o procedimento para a leitura e o desenvolvimento da atividade 2. Nela ocorre um erro comum: o aluno coloca primeiro o 7 e depois o 68, obtendo um número negativo. Reforce a interpretação de "diminuir 7 de 68". Para correção, desenvolva o mesmo procedimento da atividade anterior, iniciando com uma dupla diferente.

Apêndice: Calculadora | 115

> ### fique atento!
>
> Quando os alunos usam calculadoras, dificilmente se consegue preservá-los de se depararem com números negativos e números decimais. É preciso cuidar para que eles façam uma interpretação coerente sem alimentar a falsa noção de que esses números "não existem". A criança precisa entender que eles existem, mas ainda não é o momento para aprender a lidar com tais números. Precisa também enfrentar o problema, quando aparecer na calculadora, buscando resolvê-lo.

Repita os procedimentos anteriores com as atividades 3 e 4. É importante enfatizar as funções das teclas $\boxed{C}$ e $\boxed{CE}$ que geralmente não são de conhecimento dos alunos. A tecla $\boxed{C}$ limpa totalmente o visor e a memória e a tecla $\boxed{CE}$ só apaga o último número digitado. Após o desenvolvimento da atividade 5, de acordo com os procedimentos anteriores, explore a ideia da multiplicação como adição de parcelas iguais.

A atividade 6 gera um problema a ser resolvido: obter como resultado um número com o qual ele ainda não sabe lidar, como foi evidenciado no "Fique atento". O problema da divisão das balas estimula os alunos a pensarem em soluções para quando a divisão não é exata. Relacionando a divisão do 31 por 2, feita na calculadora, explore também o significado do resto numa divisão.

Respostas

1. 21; 26; 21 + 5 = 26; aparece o zero; 8; para apagar

2. $\boxed{6}\,\boxed{8}$ - $\boxed{7}$ =

3. 48; 45 + 3 = 48; apagou

4. 7; 1 + 6 = 7; para apagar o último número do visor

5. sim; 9 + 9 + 9 + 9 + 9 é igual a 5 × 9

6. $\boxed{3}\,\boxed{1}$ ÷ $\boxed{2}$ =; aparece um número com vírgula; a conta 31 ÷ 2 tem resto. Os alunos poderão apresentar diferentes soluções: ficar com uma bala para ele e dividir a bala em dois pedaços são alguns exemplos.

ATIVIDADES

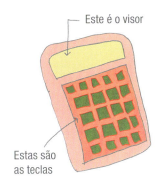

Este é o visor

Estas são as teclas

Esta é uma calculadora. Você já usou ou viu alguém usando? Para que serve? Faça as atividades abaixo para aprender mais sobre ela.

1. Na calculadora você clica o [2] e o [1]. O que aparece no visor? _____. Depois você clica o sinal de [+], o [5] e o sinal de [=]. Que número aparece? _____. Qual conta você fez? _____. Se você clicar a tecla [C], o que acontece? _____. Agora clique as teclas [+] e [8]. O que aparece? _____. Para que serve a tecla [C]? _____.

2. Quero diminuir 7 de 68. Que teclas devo clicar, seguindo a sequência corretamente? _____. Verifique o resultado dessa operação com a calculadora.

3. Eu clico as teclas [4], [5] e [+]. Depois clico o [6], mas mudo de ideia e clico a tecla [CE] e depois o [3] e o [=]. Experimente. Que número apareceu no visor? _____. Qual a conta que você fez? _____. O que aconteceu com o número 6, depois de usar a tecla [CE]? _____.

4. Agora clique as teclas [1], [+], [5], [CE], [6] e [=]. Que número aparece no visor? _____. Qual a conta que você fez? _____. Para que serve a tecla [CE]? _____.

5. Quero somar cinco vezes o número 9. Então, faço assim: clico as teclas [5], [x], [9] e [=]. Eu fiz um cálculo correto? _____. Explique: _____.

6. Quero dividir o número 31 por 2. Que teclas devo clicar? _____. O que acontece quando faço a conta na calculadora? _____. Explique: _____.
Se você quer dividir 31 balas entre dois colegas, como você resolverá esse problema? _____.

Apêndice: Calculadora | 117

1° 2° **3°** 4° 5° ANO ESCOLAR

2 Matemaclicar

Conteúdo
- Adição e subtração de números naturais

Objetivos
- Perceber e generalizar regularidades da adição e da subtração, investigando diferentes escritas para um mesmo cálculo
- Desenvolver estratégias de cálculo mental
- Ampliar habilidades de manipulação da calculadora para desenvolvimento de estratégias de verificação e controle de cálculos

Recursos
- Uma calculadora por aluno, papel pardo, caderno, lápis e folha de atividades da p. 121

Descrição das etapas

- **Etapa 1**

Peça aos alunos que desenvolvam a atividade 1. Enquanto eles fazem os cálculos solicitados, circule na classe sem interferir, observando os procedimentos que realizam e identificando aqueles que precisam de auxílio. Isso o ajudará a decidir sobre as suas intervenções durante a correção.

> *fique atento!*
>
> A calculadora é um recurso que apoia o aluno no desenvolvimento do cálculo mental. A verificação do resultado funciona como um jogo em que o aluno se sente desafiado a disputar seus acertos com a máquina. Nesse sentido, a calculadora contribui como agente estimulador. Quando o resultado mental e o resultado da máquina não são os mesmos, o aluno é impulsionado a buscar a origem do erro, investigando o seu próprio processo de pensar a conta e a forma como utilizou o instrumento, contribuindo para o desenvolvimento do pensamento autônomo da criança.

Para correção, construa um quadro igual ao da atividade 1 no papel pardo. Inicie a correção chamando alguns alunos, um por vez, para preencher um resultado e explicar à classe como pensou a conta.

Observe que a repetição dos algarismos das unidades, em cada uma das colunas, é utilizada como estratégia para que o aluno perceba as regularidades que o ajudam a criar procedimentos de cálculo mental. É importante evidenciá-las durante a correção.

Apêndice: Calculadora | 119

Peça aos alunos que não apaguem seus erros e, depois, organize-os em duplas para que se ajudem na correção. Depois de preenchido, guarde o quadro pois será utilizado na Etapa 3.

• Etapa 2

Desenvolva as atividades 2 e 3 e, na sequência, siga os mesmos procedimentos de correção indicados na Etapa 1.

• Etapa 3

Para enriquecer as possibilidades de aprendizagem, faça uma análise coletiva dos três quadros preenchidos no papel pardo. Explore os exemplos de contas diferentes, mas que exigem um mesmo procedimento de cálculo e, até, apresentam o mesmo resultado. Por exemplo, na atividade 1, tem-se: 7 – 3; a questão é que se debata como esse cálculo pode ajudar a resolver o 70 – 30 da atividade 2 e as duas questões da atividade 3: quanto falta em 30 para chegar em 70? Quanto 30 tem a menos que 70? São todas formas diferentes de solicitar um mesmo procedimento de cálculo (tirar 3 de 7). Instigue os alunos a encontrar outras relações a partir das três atividades.

O registro das questões colocadas nas atividades 4 e 5 darão bons indícios para avaliar os avanços e as dificuldades dos seus alunos.

Respostas

1.

2 + 6 = 8	4 + 3 = 7	1 + 5 = 6	8 – 2 = 6	7 – 3 = 4	6 – 1 = 5
12 + 6 = 18	24 + 3 = 27	11 + 5 = 16	18 – 2 = 16	27 – 3 = 24	16 – 1 = 15
72 + 6 = 78	54 + 3 = 57	51 + 5 = 56	78 – 22 = 56	57 – 3 = 54	36 – 1 = 35
92 + 6 = 98	84 + 3 = 87	71 + 5 = 76	98 – 22 = 76	87 – 3 = 84	66 – 1 = 65

2.

8 + 2 = 10	30 – 20 = 10	10 = 15 – 5
7 + 3 = 10	20 – 10 = 10	20 = 32 – 12
3 + 7 = 10	70 – 30 = 40	30 = 48 – 18
5 + 5 = 10	90 – 50 = 40	60 = 76 – 16

3.

Quanto falta em 8 para chegar a 10?	2	Quanto 5 tem a menos que 15?	10
Quanto falta em 10 para chegar em 30?	20	Quanto 50 tem a menos que 90?	40
Quanto falta em 30 para chegar em 70?	40	Quanto 30 tem a menos que 70?	40

ATIVIDADES

1. Tente fazer as contas a seguir de cabeça e depois utilize a calculadora **para verificar** suas respostas.

2 + 6 =	4 + 3 =	1 + 5 =	8 – 2 =	7 – 3 =	6 – 1 =
12 + 6 =	24 + 3 =	11 + 5 =	18 – 2 =	27 – 3 =	16 – 1 =
72 + 6 =	54 + 3 =	51 + 5 =	78 – 22 =	57 – 3 =	36 – 1 =
92 + 6 =	84 + 3 =	71 + 5 =	98 – 22 =	87 – 3 =	66 – 1 =

2. Continue resolvendo as contas mentalmente e preencha os ☐. Utilize a calculadora para verificar suas respostas.

8 + ☐ = 10	30 – 20 = ☐	☐ = 15 – 5
7 + ☐ = 10	20 – 10 = ☐	☐ = 32 – 12
3 + ☐ = 10	70 – 30 = ☐	☐ = 48 – 18
5 + ☐ = 10	90 – 50 = ☐	☐ = 76 – 16

3. Agora que você está craque, complete esta tabela!

Quanto falta em 8 para chegar a 10?	Quanto 5 tem a menos que 15?
Quanto falta em 10 para chegar em 30?	Quanto 50 tem a menos que 90?
Quanto falta em 30 para chegar em 70?	Quanto 30 tem a menos que 70?

4. Escreva o que mais chamou sua atenção nesta atividade.

5. Você teve alguma dificuldade? Qual?

Apêndice: Calculadora | 121

1° 2° **3°** 4° 5° ANO ESCOLAR

3 Completando com a "conta de vezes"

Conteúdos
- Propriedades do Sistema de Numeração Decimal
- Tabuada com números naturais

Objetivos
- Completar sequência de números, relacionando diferentes representações: por extenso e por operações
- Ampliar habilidades com a tabuada, desenvolvendo estratégias de cálculo mental
- Perceber a calculadora como um recurso de apoio à investigação

Recursos
- Uma calculadora por dupla, caderno, lápis e folha de atividades da p. 125

Descrição das etapas

- **Etapa 1**

Peça às duplas de alunos que façam uma primeira leitura da atividade 1. Converse com a classe sobre como eles compreenderam a atividade. Verifique se o exemplo dado foi suficiente para colaborar com essa compreensão. Depois, solicite que desenvolvam a proposta e façam os registros.

Após a atividade, para correção, você pode fazer uma brincadeira: na ordem em que estão sentados em classe, os alunos "cantam" a sequência, ou seja, o primeiro diz 11, primeiro número do quadro; o segundo diz a conta de multiplicação que colocou no lugar do 12, por exemplo: $2 \times 6 = 12$. Nesse momento, quem tem um resultado diferente levanta o braço e você passa a palavra para um deles, que, por exemplo, diz $3 \times 4 = 12$. Só permanece de braço levantado quem tem outra resposta diferente, e você passa sucessivamente a palavra a cada um que permanece com o braço levantado, até que todos abaixem o braço (ou seja, ninguém tem uma opção diferente daquelas já "cantadas" para o número 12). Você, então, contribui: ninguém lembrou do $1 \times 12 = 12$? (como exemplo). Após esgotar todas as possibilidades do 12, parta do último aluno a falar sua "conta de vezes" com o resultado 12 para continuar a "cantar" a sequência, explorando, da mesma forma, uma por vez, as multiplicações que preencheram.

Perceba que alguns alunos podem optar por apresentar uma operação com mais de dois fatores, por exemplo: $2 \times 2 \times 3$. Se não for o caso, você pode estimar a classe com perguntas que os levem a pensar nessa possibilidade. Por exemplo: "Todas as contas

Apêndice: Calculadora | 123

que foram apresentadas só têm um "sinal de vezes"; quem consegue dizer uma conta com esse resultado que tenha dois "sinais de vezes"? E com três "sinais de vezes"? (No exemplo dado, tem-se $1 \times 2 \times 2 \times 3$, cálculo que favorece o aluno a perceber o 1 como elemento neutro da multiplicação, sem, no entanto, nomear esta qualidade operatória.)

- ### Etapa 2

Peça a leitura da atividade 2 e questione os alunos sobre como eles a entenderam. Verifique se eles perceberam que usar três teclas de números e uma operação significa compor, com duas teclas, um único número; por exemplo, 14×2 usa a tecla 1 e a tecla 4 para formar o 14. Neste exemplo, o resultado será o 28, número que deverá ser pintado no quadro. A correção pode ser feita como a anterior, "cantando" os números escritos e as operações do quadro. Certamente para os números 11, 13, 17, 19, 23, 29, 31, 37, 41, 43 e 47 (os números primos), serão encontradas apenas multiplicações por 1 (1×11; 1×13, 1×17...). Sem citar o nome, motive-os a falar sobre por que não foram encontrados outros produtos para tais números.

Para avaliar os avanços e as dificuldades dos seus alunos, organize alguns critérios a serem observados durante a atividade, por exemplo, quem faz a conta mentalmente, quem usa os dedos, quem erra muito etc. Tais informações são úteis para orientar um plano de intervenções para que o aluno, no final do 4º ano, já esteja dominando a tabuada.

ATIVIDADES

1. A seguir, temos um quadro com vários espaços em branco para completar. Mas você não vai escrever os números que faltam. A proposta é que você descubra uma "conta de vezes" para colocar no espaço vazio, de tal forma que o resultado da conta complete a sequência corretamente.
Por exemplo: Eu percebi que o último número do quadro era o cinquenta. Então, descobri que, clicando 5 × 10, o resultado era o que eu precisava: 50. Coloquei a "conta de vezes" no lugar dela, no quadro. Veja lá!

	onze		treze		
		dezessete		dezenove	
		vinte e dois	vinte e três		
vinte e seis				vinte e nove	
trinta e um			trinta e três	trinta e quatro	
		trinta e sete	trinta e oito	trinta e nove	
quarenta e um	quarenta e dois	quarenta e três	quarenta e quatro		
quarenta e seis	quarenta e sete	quarenta e oito	quarenta e nove	5 × 10	

2. Clicando três teclas de números e só uma vez o sinal ×, quais números do quadro você consegue obter? Tente e registre as operações que você fez.

Apêndice: Calculadora | 125

1° 2° **3°** 4° 5° ANO ESCOLAR

4 Resolvendo problemas

Conteúdos
- Propriedades do Sistema de Numeração Decimal
- Operações com os números naturais

Objetivos
- Enfrentar problemas interpretando diferentes tipos de textos matemáticos e buscando um modo de solucioná-los
- Perceber as potencialidades e as limitações do uso da calculadora para solucionar situações-problema

Recursos
- Uma calculadora por grupo, caderno, lápis e folha de atividades das p. 129-130

Descrição das etapas

- **Etapa 1**

Depois que os alunos se organizarem nos grupos e pegarem uma calculadora por grupo, peça que leiam a atividade 1. Desenvolva uma conversa coletiva sobre a interpretação do problema: "De que árvore o problema está falando? Como descrever essa árvore?". Verifique se todos identificaram a base da árvore, por onde se inicia o cálculo, e se perceberam o conjunto de operações que constitui cada um dos galhos. Em seguida, deixe os grupos trabalharem com autonomia. Perceba que eles poderão usar estratégias de cálculo pessoais ou fazer uso da calculadora.

Ao terminarem, converse com a classe sobre os resultados. Pergunte por que cada dois galhos têm o mesmo valor: "Como pode ter o mesmo resultado se os números e operações são diferentes?". Peça à classe que pense e sugira: "Que outro cálculo pode ser feito para obter o 60? E o 20? E o 50?".

- **Etapa 2**

Peça aos alunos que leiam a atividade 2 e pergunte à classe quem gostaria de contar para todos como entendeu o problema. Os demais contribuem até que, coletivamente, se chegue à compreensão das regras. Explore os significados de linha, coluna e diagonal no quadro. Esse é um problema de investigação no qual eles poderão usar a calculadora ou não. Deixe-os fazer suas escolhas. Ao terminarem, explore coletivamente o quadro preenchido, de forma que percebam as oito possibilidades de composições do número 15, de acordo com as regras: 1 + 5 + 9; 1 + 6 + 8; 2 + 4 + 9; 2 + 5 + 8; 2 + 6 + 7; 3 + 4 + + 8; 3 + 5 + 7 e 4 + 5 + 6.

Apêndice: Calculadora | 127

- **Etapa 3**

Na atividade 3 tem-se um problema com alguns aspectos de interesse para aprendizagem da Matemática: um texto longo, o que requer cuidados com a interpretação; e tem dados numéricos que não serão usados na resolução. Peça aos alunos que façam uma primeira leitura. Depois, desenvolva uma conversa sobre o contexto: "Alguém sabe o que é a Casa da Moeda"? (Local onde se produz o dinheiro brasileiro.) "O que são jogos do Pan? Quem tem algo para contar sobre isso?". Na sequência, peça uma segunda leitura do texto e, coletivamente, explore o problema em si: "Quem são Nina e Bia? O que elas têm? O que o problema quer saber?".

Depois, deixe os alunos resolverem com autonomia. Ao terminarem, solicite as respostas dos grupos. Se houver resultados diferentes, peça que a classe decida quem está correto e, coletivamente, analisem o erro.

Com o término das três atividades, faça uma exploração do uso da calculadora. Peça aos grupos que contem quando precisaram usá-la e para quê. Sistematize as falas deles de forma que possam perceber que o bom uso da calculadora depende das estratégias que são escolhidas para desenvolver um problema e nem sempre ela contribui.

fique atento!

Dentre as competências de cálculo a serem desenvolvidas pelo aluno, destaca-se a capacidade de decidir, diante de um problema aritmético, se é mais adequado calcular com papel e lápis, mentalmente ou com a calculadora. As três atividades permitem que ele vivencie tal tomada de decisão.

Respostas

1. 60, 60, 20, 20, 50 e 50, nesta ordem.

2.

8	1	6
3	5	7
4	9	2

3. Nina tem 89 reais e Bia 106 reais; a diferença é de 17 reais.

ATIVIDADES

1. Complete a árvore de operações, a partir da base, fazendo as contas de cada um dos galhos e colocando seus resultados nas folhas mais altas da árvore.

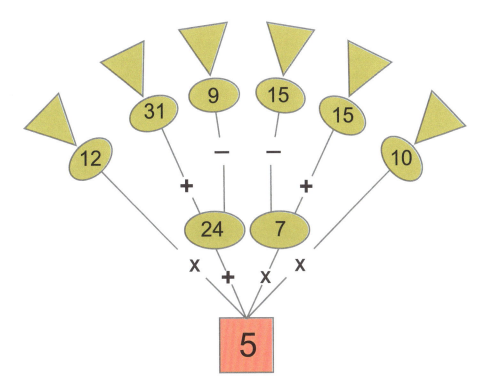

2. Para preencher o quadro você só pode usar os números de 1 a 9, sem repetir o mesmo número. Mas atenção: o resultado em todas as linhas, colunas e diagonais deve ser 15.

8		
3		

Apêndice: Calculadora | 129

3. A moeda do Pan 2007

Em 2007, a Casa da Moeda do governo brasileiro emitiu 15 000 moedas, com valores de 2 reais e de 5 reais, para comemorar os Jogos Pan-Americanos. Numa das faces, cada moeda tem o símbolo do Pan, conforme desenho acima, e na outra face, a moeda de 2 reais tem a imagem de um atleta correndo, e a moeda de 5 reais tem a imagem do Pão de Açúcar, um famoso morro da cidade do Rio de Janeiro, cidade onde aconteceram os jogos do Pan em 2007. Os pais de duas alunas da professora Mari guardam de lembrança algumas dessas moedas. Veja a seguir quantos reais cada uma delas tem e identifique quem tem o maior valor em moedas e de quanto é a diferença, em reais.

Moedas da Nina

Moedas da Bia

1° 2° 3° **4°** 5° ANO ESCOLAR

5 As contas da Tatá

Conteúdo
- Adição e subtração de números naturais

Objetivos
- Perceber e generalizar regularidades da adição e da subtração
- Investigar as possibilidades de adições de dois números para obter um mesmo resultado, desenvolvendo estratégias de cálculo mental e estimativa
- Ampliar habilidades no uso de calculadora como ferramenta de apoio à investigação e à verificação de resultados

Recursos
- Uma calculadora por grupo, papel pardo, meia folha de papel branco por grupo, lápis e folha de atividades da p. 133

Descrição das etapas

- **Etapa 1**

Organize os grupos e distribua o material do aluno. A leitura e a interpretação desta atividade precisam ser bem cuidadas, pois o texto é longo e com diversas formas (quadro, explicação da aluna, comandos...). Peça aos grupos que façam uma primeira leitura, para que todos possam ter noções sobre o problema. Depois, peça uma segunda leitura, bem cuidadosa, com especial atenção às explicações da Tatá. Na sequência, é importante ter uma conversa com toda a classe: pergunte quem gostaria de contar como compreendeu o problema, deixando que todos aqueles que desejarem se manifestem; peça a um aluno que explique como a Tatá resolveu o problema e, depois, solicite que os demais façam contribuições com alguma informação que ainda falta ser dita.

Na sequência, faça no quadro um esquema, com base na fala da Tatá, solicitando aos alunos que contribuam com sugestões para o esquema. Pergunte aos alunos se a Tatá teria outra possibilidade de números para formar com as unidades 1 ou 3 e dezenas 2 ou 3 (poderia ser o 21 e o 33). Peça aos alunos que façam a verificação da soma na calculadora e procure perceber se todos estão sabendo manipulá-la. Problematize o uso da calculadora, explorando as teclas CE e C para relembrar (veja a sequência de atividades 1: "Investigando a calculadora").

A partir daí, os alunos investigam e resolvem o problema com autonomia. Depois que completarem suas tarefas, inicia-se a correção. Ela pode ser feita da seguinte forma: coloque previamente no quadro de giz um quadro numerado igual ao da atividade. Peça a um grupo que coloque uma das possibilidades que encontrou nesse quadro. Chame outro

Apêndice: Calculadora | 131

grupo para incluir um resultado diferente do que já existe, e assim por diante, até se esgotarem as possibilidades.

Perceba que irão aparecer situações tais como: um grupo coloca 42 + 12 e outro grupo coloca 12 + 42. Essa é uma boa hora para questioná-los e relembrar a propriedade.

- **Etapa 2**

Peça aos grupos que observem o quadro, que deverá estar pintado com os pares de números que somam 54, e pergunte por que há coluna sem números pintados. Peça que pensem e elaborem um texto com a justificativa, por escrito, na meia folha de papel branco, e colem seus textos na folha de papel pardo, que deverá estar previamente colocada à vista de todos.

Coloque em debate as hipóteses que os alunos escreveram, estimulando-os a comparar os diferentes registros. Para contribuir com a análise, perceba que as colunas que têm o 9 e o zero na unidade não formam parcelas de uma soma que dê 54, pois dependem de outros que não estão no quadro. Por exemplo: 45, 35, 25, 15 e 5 não estarão pintados, pois faltam o 9, 19, 29, 39 e 49 no quadro. O 44, 34, 24, 14 e 4 não estarão pintados, pois faltam os números 10, 20, 30, 40 e 50, no quadro. O 55 é maior do que 54, logo também não será parcela de uma soma que dê 54.

Para finalizar, você pode indicar como tarefa repetir a atividade com outro número do quadro, escolhido por você.

Respostas

53 + 1; 52 + 2; 51 + 3; 43 + 11;
42 + 12; 41 + 13; 33 + 21;
32 + 22; 31 + 23

ATIVIDADES

A professora de Tatá pediu que ela encontrasse dois números do quadro abaixo, de tal forma que somados o resultado teria que ser 54. Tatá descobriu que o 23 somado ao 31 dava 54, sem fazer a conta no papel.

1	2	3	4	5
11	12	13	14	15
21	22	**23**	24	25
31	32	33	34	35
41	42	43	44	45
51	52	53	**54**	55

Veja como Tatá calculou de cabeça e descobriu os dois números:

"Para obter as 4 unidades do 54 posso somar um número que tenha 1 e outro que tenha 3 na casa das unidades. Para encontrar o 5, posso somar um número que tenha 2 e outro que tenha 3 na casa das dezenas".

Depois, para confirmar se seu cálculo de cabeça estava correto, Tatá usou a calculadora: primeiro, ela clicou os números 3 e 1, fazendo aparecer no visor o número 31. Depois, clicou a tecla $+$ e os números 2 e 3. Em seguida, bastou clicar o $=$ e... pronto! Apareceu no visor o número procurado, o 54, confirmando que ela calculou corretamente.

Agora é a sua vez. Encontre os pares de números do quadro para obter o resultado 54. Tente calcular de cabeça, como fez a Tatá, e, depois, use a calculadora para verificar seu resultado.

Pinte, no quadro, cada par de números com uma cor diferente e depois liste, conforme o modelo a seguir, as somas que você encontrou:

23 + 31 = 54
= 54
= 54
= 54
= 54
= 54
= 54
= 54
= 54

Apêndice: Calculadora | 133

1º 2º 3º 4º 5º ANO ESCOLAR

6 Decompondo números

Conteúdo
- Propriedades do Sistema de Numeração Decimal

Objetivos
- Compreender o Sistema de Numeração Decimal, compondo e decompondo números de acordo com o valor posicional dos algarismos, percebendo o zero como ausência de quantidade e reconhecendo a propriedade aditiva do sistema
- Utilizar a calculadora como recurso para investigação e verificação de resultados

Recursos
- Uma calculadora por aluno, caderno, lápis e folha de atividades da p. 137

Descrição das etapas

- **Etapa 1**

Cada aluno deve pegar o material para desenvolver as atividades 1 e 2 e sentar-se com o colega de dupla. Leia as atividades com a classe. Verifique se todos compreenderam o que se pede. Relembre com eles o quadro de valor posicional e as correspondências entre unidades, dezenas e centenas.

fique atento!

Quadro de valor posicional: um quadro que tem um lugar certo para colocar o algarismo das centenas, o algarismo das dezenas e o algarismo das unidades. Por exemplo, para o número 138 tem-se:

Centena	Dezena	Unidade
1	3	8

Na sequência, deixe-os resolver as atividades nas duplas, com o máximo de autonomia. Circule na classe para perceber como os alunos desenvolvem as atividades, suas compreensões e incompreensões, auxiliando-os quando necessário. Estimule os registros no caderno. Para correção, coloque no quadro uma resposta por vez e peça que os alunos comparem suas respostas.

Apêndice: Calculadora | 135

- **Etapa 2**

Nesta etapa, os alunos irão resolver a atividade 3, investigando as possibilidades de adição de dois ou mais números com o mesmo resultado (333; 760 e 801), usando a calculadora como apoio.

Ao terminarem, peça que cada duas duplas troquem entre si seus cadernos, de forma que um grupo corrija as respostas do outro, usando a calculadora. Oriente-os a assinalar as respostas incorretas, descobrir qual foi o erro do outro e escrever um recadinho com uma explicação para os colegas. No final, eles destrocam os cadernos e as duplas analisam seus erros e os recados dos colegas, verificando se concordam ou não com a explicação. Durante as correções, circule na classe para perceber o que os alunos já sabem, a linguagem que utilizam e quais hipóteses apresentam.

fique atento!

É importante que o aluno compreenda as propriedades do Sistema de Numeração Decimal, identificando suas regularidades. Para apoiar o seu trabalho, destacamos:
- Existem dez algarismos para formar um número: 0, 1, 2, 3, 4, 5, 6, 7, 8 e 9.
- A base do sistema de numeração é decimal, ou seja, base 10. Logo, as trocas são realizadas a cada agrupamento de 10 unidades.
- O zero indica a ausência de quantidades.
- O valor do algarismo é determinado pela posição que ele ocupa.
- O sistema é aditivo (exemplo: 781 é igual a 700 + 80 + 1).
- O sistema é multiplicativo (exemplo: 524 é igual a $5 \times 100 + 2 \times 10 + 4 \times 1$).

Respostas

1.
- a) 40 + 3
- b) 100 + 20 + 9
- c) 200 + 80 + 9
- d) 300 + 4
- e) 500 + 80
- f) 600 + 7

2.
- a) 98
- b) 333
- c) 760
- d) 801

ATIVIDADES

1. É dado um número e você o decompõe de acordo com o valor da posição de cada algarismo. Por exemplo: 428 = 400 + 20 + 8, pois o número quatrocentos e vinte e oito tem o 4 na centena, o 2 na dezena e o 8 na unidade. Depois, você faz a adição na calculadora e verifica se está correto, ou seja, se a soma equivale ao número dado. Vamos começar!
   a) 43
   b) 129
   c) 289
   d) 304
   e) 580
   f) 607

2. Agora será dada a decomposição de um número. Você escreve o número que é formado e depois faz a adição na calculadora para verificar se os resultados são os mesmos.
   a) 90 + 8
   b) 300 + 30 + 3
   c) 700 + 60
   d) 800 + 1

3. Na atividade anterior foi apresentada uma decomposição dos números. Agora você vai criar decomposições diferentes usando outras somas para cada um daqueles números obtidos na atividade 2. Você pode colocar quantas parcelas quiser. Por exemplo: 98 = 50 + 48 ou 98 = 30 + 30 + 30 + 2 + 2 + 2 + 2.

Apêndice: Calculadora | 137

1° 2° 3° **4°** 5° ANO ESCOLAR

7 O dez é quem manda

Conteúdos
- Propriedades do Sistema de Numeração Decimal
- Regularidades da tabuada com 10, 100, 1 000...

Objetivos
- Compreender o Sistema de Numeração Decimal, compondo, decompondo e comparando números de acordo com o valor posicional dos algarismos, percebendo que a base do sistema de numeração é decimal, que o zero indica a ausência de quantidades e o valor do algarismo é determinado pela posição que ele ocupa
- Reconhecer que o Sistema de Numeração Decimal é aditivo e multiplicativo por meio de investigação, utilizando a calculadora como recurso

Recursos
- Uma calculadora por aluno, caderno e lápis

Descrição das etapas

- **Etapa 1**

Esta etapa será desenvolvida em duas ou três aulas. Depois de organizar os grupos e dispor de pelo menos uma calculadora para cada grupo, relembre com os alunos o quadro de valor posicional (veja a sequência de atividades anterior).
Copie no quadro as atividades. Combine com a classe que será desenvolvida uma atividade por vez: eles devem fazer a leitura da primeira atividade e desenvolvê-la para que, na sequência, todos façam a correção coletiva. Em seguida, farão o mesmo com a segunda atividade, depois com a terceira e assim por diante.
Deixe-os resolver as atividades nos grupos, com o máximo de autonomia. Circule na classe para perceber as compreensões e incompreensões, auxilie quando necessário e estimule a investigação, tanto dos procedimentos matemáticos quanto da interpretação do texto.
Ao terminarem a atividade 1, inicie a correção coletiva pedindo a um grupo que coloque a resposta da primeira questão no quadro; outro grupo coloca a resposta da segunda questão e assim sucessivamente. Com as respostas registradas no quadro, inicie uma conversa com a classe: "Quem colocou um par diferente dos que estão lá? Como é que o grupo pensou essa resposta? Quem pensou diferente?". Com base nas respostas dos itens **c** e **d**, explore as várias escritas do 1 000, por exemplo: 1 × 1 000; 10 × 10 × 10 e outras decomposições.
Proceda à correção das atividades 2 e 3 como na proposta anterior. Faça outras perguntas de acordo com suas observações ao circular na classe, sempre considerando os

Apêndice: Calculadora | 139

objetivos das atividades. Na atividade 2, a expectativa é que os alunos percebam as regularidades e generalizem: na multiplicação acrescentam-se os zeros e na divisão retiram-se os zeros.

A atividade 3 tem como objetivo evidenciar que o Sistema de Numeração Decimal é multiplicativo. Com a contribuição da classe, promova o debate estimulando-os com perguntas como: "Quem me diz quantos 1 000 tem o 7 900? Quantas centenas há no 7 900? (79 centenas). Qual o algarismo que ocupa a casa da centena?".

- **Etapa 2**

Depois, conte para os alunos que o nome desta sequência de atividades é "O dez é quem manda" e peça que, por escrito, levantem hipóteses que justifiquem esse título. Em seguida, proponha a construção de uma síntese coletiva com base nas hipóteses que eles apresentaram. Para tanto, solicite a cada um dos grupos que leia o que escreveu.

> **fique atento!**
>
> Não deixe de fazer intervenções nos registros, confirmando, questionando e ampliando as ideias dos alunos. Os objetivos propostos para esta sequência de atividades orientam a síntese coletiva. Como auxílio para suas intervenções, veja na sequência de atividades anterior ("Decompondo números") um resumo das propriedades do Sistema de Numeração Decimal.

Respostas

1. Alguns exemplos:
   a) $10 - 0$; $110 - 100$; $1010 - 1000$; $10010 - 10000...$; $100 - 0$; $1100 - 1000$; $10100 - 10000...$; $1000 - 0$; $11000 - 10000...$
   b) $10 (10 \times 10)$
   c) $10 (10 \times 100)$
   d) $100 (100 \times 10)$

2. a) • $239 \times 10 = 2390$
   • $239 \times 100 = 23900$
   • $239 \times 1000 = 239000$
   • $120000 \div 10 = 12000$
   • $120000 \div 100 = 1200$
   • $120000 \div 1000 = 120$

   d) • $239 \times 10000 = 2390000$
   • $300 \times 10000 = 3000000$
   • $120000 \div 10000 = 12$
   • $50000 \div 10000 = 5$

3. a) $2 \times 1000 + 4 \times 100 + 9 \times 10 + 7 \times 1$
   b) $5 \times 1000 + 4 \times 10 + 2 \times 1$
   c) $8 \times 1000 + 5 \times 1$
   d) $7 \times 1000 + 9 \times 100$
   e) $1 \times 1000 + 1 \times 10$

ATIVIDADES

Desenvolva as atividades usando a calculadora sempre que for necessário ou para verificar suas respostas. Faça os registros no caderno.

1. a) Use apenas as teclas 1 e 0 e os sinais de + ou − para encontrar:
   - pares de números cuja diferença seja 10. Quantos pares de números você achou? Quais são eles?
   - pares de números cuja diferença seja 100. Quantos pares de números você achou? Quais são eles?
   - pares de números cuja diferença seja 1 000. Quantos pares de números você achou? Quais são eles?
   b) Quantos 10 tem o 100?
   c) Quantos 100 tem o 1 000?
   d) Quantos 10 tem o 1 000?

2. a) Resolva as operações usando a calculadora:
   - $239 \times 10 =$
   - $239 \times 100 =$
   - $239 \times 1\,000 =$
   - $120\,000 \div 10 =$
   - $120\,000 \div 100 =$
   - $120\,000 \div 1\,000 =$
   b) Registre o que você observou ao multiplicar o número 239 por 10, 100 e 1 000.
   c) Registre o que você observou ao dividir o número 120 000 por 10, 100 e 1 000.
   d) Sem usar a calculadora, resolva:
   - $239 \times 10\,000 =$
   - $300 \times 10\,000 =$
   - $120\,000 \div 10\,000 =$
   - $50\,000 \div 10\,000 =$

3. Veja se você concorda: o número 3 245 é composto de 3 unidades de milhar, ou seja, $3 \times 1\,000$; 2 centenas, ou seja, 2×100; 4 dezenas, ou seja, 4×10; e 5 unidades, ou seja, 5×1. Então, o número 3 245 pode ser escrito assim: $3 \times 1\,000 + 2 \times 100 + 4 \times 10 + 5 \times 1$.
Se você concordou, escreva da mesma forma os seguintes números:
   a) 2 497
   b) 5 042
   c) 8 005
   d) 7 900
   e) 1 010

1° 2° 3° **4°** 5° ANO ESCOLAR

8 Meta!

Conteúdos
- Propriedades do Sistema de Numeração Decimal
- Adição e subtração

Objetivos
- Compreender as regularidades do Sistema de Numeração Decimal compondo números e percebendo a decomposição decimal de um número e a propriedade aditiva do sistema
- Desenvolver cálculo mental
- Ampliar habilidades no uso de calculadora como ferramenta de apoio à investigação e à verificação de resultados

Recursos
- Uma calculadora por aluno, folha em branco, lápis e folha de atividades da p. 145

Descrição das etapas

- **Etapa 1**

Organize os grupos, entregue o material que será usado na atividade e peça aos alunos que façam uma primeira leitura das regras. Cada aluno deverá ter uma calculadora e uma folha branca disponíveis.

Após as leituras individuais, inicie uma conversa sobre como entenderam a atividade, sistematizando, com base na fala deles, as regras dos procedimentos a serem desenvolvidos. Em seguida, faça coletivamente uma análise dos registros dados como exemplo. Questione-os sobre como cada um dos cálculos foi pensado; quais operações e números foram utilizados em cada um dos exemplos e o porquê; qual dos personagens fez um percurso mais curto para chegar à meta; se esse percurso foi o mais simples de ser pensado; se alguém da turma faria cálculos diferentes daqueles apresentados etc.

Na sequência, incentive os alunos a, individualmente, desenvolverem as propostas. Com autonomia, cada um busca suas próprias estratégias, mas contam, sempre que necessário, com a ajuda do grupo. Você aproveita para circular na classe e observar os alunos. Verifique a autonomia de cada um para desenvolver a atividade buscando estratégias próprias e as relações que eles estão estabelecendo entre os cálculos que resolvem e o número que formam (regras do Sistema de Numeração Decimal).

Depois que todos terminarem, peça que cada um dos grupos analise os registros de seus componentes, registrando as semelhanças e diferenças. Recolha os registros e as análises de cada um dos grupos.

Apêndice: Calculadora | 143

> **fique atento!**
>
> Ao fazer, extraclasse, a análise dos registros dos alunos, procure perceber como eles desenvolveram a atividade, que aspectos privilegiaram na comparação entre os registros, verificando, assim, a forma como pensam; como estruturam seus registros; o que já sabem sobre o Sistema de Numeração Decimal, entre outras informações que podem orientar suas intervenções no trabalho de classe.

- **Etapa 2**

Em um segundo momento, proponha a mesma atividade, permitindo que os alunos possam estabelecer novas relações. Porém, mude o número de partida e a meta, colocando números maiores. Por exemplo:

a) O número de partida é o 1 800 e a meta é o 700.

b) O número de partida é o 950 e a meta é o 4 630.

Para o desenvolvimento da nova proposta, siga os procedimentos descritos para a etapa anterior. Antes, os grupos precisam rever as regras, fazendo uma leitura coletiva.

ATIVIDADES

Nesta atividade, você deverá usar a calculadora, digitar um número de partida, pensar e desenvolver operações usando apenas as teclas $\boxed{0}$, $\boxed{1}$, $\boxed{+}$, $\boxed{-}$ e $\boxed{=}$ para chegar a determinado número dado como meta.

REGRAS

1. Primeiro você digita o número de partida, que será dado mais adiante.
2. Você escreve o número de partida também na folha branca.
3. Depois, apenas usando as teclas $\boxed{0}$ e $\boxed{1}$ você forma números para adicionar ou subtrair, até que no visor apareça o número dado como meta.
4. Veja! Não pode usar as teclas $\boxed{CE}$ e $\boxed{C}$. Se você clicar alguma tecla erradamente, deve continuar a partir do número que está no visor, fazendo as operações necessárias até atingir a meta.
5. Cada operação feita deve ser registrada na folha branca, para depois seu grupo comparar a forma como cada um resolveu.
6. Para você ver como existem várias possibilidades de se chegar à meta, observe a seguir um exemplo de como quatro alunos fizeram:

O número de partida é o 300 e a meta é chegar ao 74.

Mari fez assim	Pepe fez assim	Luiza fez assim	Isabele fez assim
300 − 100 = 200	300 − 100 = 200	300 − 11 = 289	300 + 100 = 400
200 − 100 = 100	200 − 100 = 100	289 − 111 = 178	ERREI! Hum...
100 − 10 = 90	100 − 10 = 90	178 − 101 = 77	devo continuar!
90 − 10 = 80	90 − 10 = 80	77 − 1 = 76	400 − 110 = 290
80 − 10 = 70	80 − 1 = 79	76 − 1 = 75	290 − 110 = 180
70 + 1 = 71	79 − 1 = 78	75 − 1 = 74	180 − 110 = 70
71 + 1 = 72	78 − 1 = 77	META!	70 + 1 = 71
72 + 1 = 73	77 − 1 = 76		71 + 1 = 72
73 + 1 = 74	76 − 1 = 75		72 + 1 = 73
META!	75 − 1 = 74		73 + 1 = 74
	META!		META!

Agora é com você:

a) O número de partida é o 700 e a meta é o 120.

b) O número de partida é o 50 e a meta é o 505.

1° 2° 3° **4°** 5° ANO ESCOLAR

9 Você é fera!

Conteúdo
- Tabuadas

Objetivos
- Perceber e generalizar regularidades da multiplicação e da divisão
- Desenvolver estratégias de cálculo mental e estimativa, utilizando a calculadora como recurso para investigar e verificar o resultado
- Enfrentar problemas e buscar um modo de solucioná-los

Recursos
- Uma calculadora por aluno e folha de atividades da p. 149

Descrição das etapas

- **Etapa 1**

Peça aos alunos que desenvolvam a atividade 1. Cada dupla deverá ter pelo menos uma calculadora disponível. Enquanto eles fazem os cálculos solicitados, circule na classe sem interferir, mas observando aqueles que já desenvolvem procedimentos de cálculo mental e como o fazem. Perceba, também, como os alunos utilizam a calculadora e como procedem ao verificar um resultado diferente daquele obtido mentalmente.

> **fique atento!**
>
> A verificação da solução é tão importante quanto a própria resolução de um cálculo, pois ela nos dá a possibilidade de descobrir se cometemos algum erro e corrigi-lo. Para fazer a verificação, a calculadora é um instrumento muito útil.

Escreva no quadro de giz listas de cálculos como os da atividade 1. Quando todos terminarem a atividade, solicite, para cada um dos cálculos, que um aluno dê o resultado e explique à classe como pensou a conta. Motive os outros alunos a se manifestarem quando pensaram de forma diferente.

Muitas explorações podem ser feitas após completar todas as listas. Estimule a classe a analisá-la coletivamente. Faça algumas perguntas que os estimulem a perceber as regularidades, por exemplo: "Quais as contas que têm o mesmo resultado? O que há de semelhanças e diferenças entre elas?".

Apêndice: Calculadora | 147

Uma exploração a ser evidenciada: quando um dos fatores do produto ou o dividendo de uma divisão é multiplicado por 10, o resultado também será multiplicado por 10. Por exemplo: $8 \times 4 = 32$, logo, $80 \times 4 = 320$. Também $32 \div 4 = 8$, logo, $320 \div 4 = 80$.

Observe a presença da ideia de operação inversa (multiplicação e divisão) em cada uma das colunas. É importante evidenciá-las. Por exemplo, que 6×7 tem o mesmo resultado de 7×6 e esse resultado é 42. Assim, ao dividir 42 por 7 obtém-se 6, e dividindo 42 por 6 obtém-se 7.

- **Etapa 2**

Em duplas, os alunos fazem a atividade 2, desenvolvendo de forma investigativa os problemas propostos. Enquanto os alunos fazem a atividade, vale observar as hipóteses de cálculo que utilizam, seus avanços e dificuldades.

Faça a correção oral explorando como na atividade anterior.

Respostas

1.

$8 \times 4 =$ 32	$5 \times 9 =$ 45	$7 \times 9 =$ 63	$6 \times 7 =$ 42	$7 \times 8 =$ 56	$3 \times 9 =$ 27
$4 \times 8 =$ 32	$9 \times 5 =$ 45	$9 \times 7 =$ 63	$7 \times 6 =$ 42	$8 \times 7 =$ 56	$9 \times 3 =$ 27
$32 \div 4 =$ 8	$45 \div 9 =$ 5	$63 \div 7 =$ 9	$42 \div 7 =$ 6	$56 \div 8 =$ 7	$27 \div 3 =$ 9
$320 \div 4 =$ 80	$450 \div 9 =$ 50	$630 \div 7 =$ 90	$420 \div 7 =$ 60	$560 \div 8 =$ 70	$270 \div 3 =$ 90
$32 \div 8 =$ 4	$45 \div 5 =$ 9	$63 \div 9 =$ 7	$42 \div 6 =$ 7	$56 \div 7 =$ 8	$27 \div 9 =$ 3
$320 \div 8 =$ 40	$450 \div 5 =$ 90	$630 \div 9 =$ 70	$420 \div 6 =$ 70	$560 \div 7 =$ 80	$270 \div 9 =$ 30
$32 \div 4 =$ 8	$450 \div 50 =$ 9	$630 \div 70 =$ 9	$420 \div 70 =$ 6	$560 \div 70 =$ 8	$270 \div 30 =$ 9
$320 \div 40 =$ 8	$450 \div 90 =$ 5	$630 \div 90 =$ 7	$420 \div 60 =$ 7	$560 \div 80 =$ 7	$270 \div 90 =$ 3
$80 \times 4 =$ 320	$50 \times 9 =$ 450	$70 \times 9 =$ 630	$60 \times 7 =$ 420	$70 \times 8 =$ 560	$30 \times 9 =$ 270
$40 \times 8 =$ 320	$90 \times 5 =$ 450	$90 \times 7 =$ 630	$70 \times 6 =$ 420	$80 \times 7 =$ 560	$90 \times 3 =$ 270

2. a) 28 dias; 6 semanas.

b) 8 semestres; 48 meses; 8 anos.

ATIVIDADES

1. Tente fazer as contas de cabeça e utilize a calculadora para verificar suas respostas.

8 × 4 =	5 × 9 =	7 × 9 =	6 × 7 =	7 × 8 =	3 × 9 =
4 × 8 =	9 × 5 =	9 × 7 =	7 × 6 =	8 × 7 =	9 × 3 =
32 ÷ 4 =	45 ÷ 9 =	63 ÷ 7 =	42 ÷ 7 =	56 ÷ 8 =	27 ÷ 3 =
320 ÷ 4 =	450 ÷ 9 =	630 ÷ 7 =	420 ÷ 7 =	560 ÷ 8 =	270 ÷ 3 =
32 ÷ 8 =	45 ÷ 5 =	63 ÷ 9 =	42 ÷ 6 =	56 ÷ 7 =	27 ÷ 9 =
320 ÷ 8 =	450 ÷ 5 =	630 ÷ 9 =	420 ÷ 6 =	560 ÷ 7 =	270 ÷ 9 =
32 ÷ 4 =	450 ÷ 50 =	630 ÷ 70 =	420 ÷ 70 =	560 ÷ 70 =	270 ÷ 30 =
320 ÷ 40 =	450 ÷ 90 =	630 ÷ 90 =	420 ÷ 60 =	560 ÷ 80 =	270 ÷ 90 =
80 × 4 =	50 × 9 =	70 × 9 =	60 × 7 =	70 × 8 =	30 × 9 =
40 × 8 =	90 × 5 =	90 × 7 =	70 × 6 =	80 × 7 =	90 × 3 =

2. Continue fazendo as contas de cabeça e resolva os problemas abaixo. Utilize a calculadora para verificar suas respostas.
   a) Uma semana tem 7 dias.
   • Quantos dias têm 4 semanas?
   • 42 dias correspondem a quantas semanas?

   b) Um semestre tem 6 meses e um ano tem 2 semestres.
   • Quantos semestres têm 4 anos?
   • E quantos meses têm 4 anos?
   • 16 semestres correspondem a quantos anos?

Apêndice: Calculadora | 149

1º 2º **3º 4º** 5º ANO ESCOLAR

10 Brincando com a tabuada

Conteúdo
- Tabuadas

Objetivos
- Perceber regularidades da multiplicação e da divisão
- Reconhecer a divisão como operação inversa da multiplicação
- Desenvolver estratégias de cálculo mental
- Utilizar a calculadora como recurso para criar problemas

Recursos
- Uma calculadora por dupla, folha de papel branco e lápis

Descrição das etapas

- **Etapa 1**

Esta é uma atividade simples e prazerosa para a apropriação da tabuada. No entanto, amplia as possibilidades de outras aprendizagens, conforme os objetivos propõem, uma vez que os alunos precisam pensar a multiplicação, mentalmente, por meio da divisão.

Entregue uma calculadora por dupla e peça aos alunos que façam uma primeira leitura silenciosa das regras. Converse com a classe sobre como eles compreenderam a atividade. Escolha um aluno para simular algumas jogadas com você, como exemplo. Depois, deixe-os desenvolver a proposta com autonomia, mas certifique-se de que eles cumprem as regras e fazem devidamente os registros.

Após a atividade, converse com a classe, pedindo que falem livremente sobre a experiência que tiveram, suas dificuldades etc.

- **Etapa 2**

Depois de todo o processo desenvolvido na Etapa 1, proponha à classe um novo momento para desenvolver a proposta, como oportunidade para que eles coloquem em prática as estratégias que desenvolveram ao longo da etapa anterior e da conversa compartilhada com toda a classe. Esta nova etapa favorece o estabelecimento de novas relações.

Apêndice: Calculadora

> **fique atento!**
>
> Para avaliar os avanços e as dificuldades dos alunos, organize alguns critérios a serem observados durante a atividade: quem faz a conta mentalmente; quem tem mais desenvoltura com os cálculos; quem usa os dedos; quem erra muito etc. Tais informações são úteis para orientar um plano de intervenções para que o aluno, no final do 4º ano, já tenha maior domínio da tabuada.

REGRAS

1. A brincadeira é assim: você digita um número de 1 a 10 na calculadora e passa a máquina para o seu colega. Ele multiplica o número por outro, também de 1 a 10, sem você ver e passa a calculadora para você com o resultado. Você deve descobrir o número que ele multiplicou por aquele que você colocou primeiro.
Por exemplo: você digita a tecla 8 . Seu colega escolhe o 5, então digita x , 5 e = . Na calculadora vai aparecer o resultado 40. Ao ver o 40, você deverá descobrir qual número ele digitou, que no caso foi o 5.
Vamos supor que você diga o número errado, por exemplo o 4; então, seu colega deve dizer: tente outra vez. Se você errar novamente, conta ponto para ele. Se você acertar, conta ponto para você.

2. O produto que já "saiu" não pode aparecer novamente. Assim, considerando o exemplo, quando um de vocês colocar o 8 novamente, o outro não poderá escolher o 5 para multiplicar.

3. Para marcar os pontos, vocês usam uma folha em branco, na qual devem escrever o produto com o resultado, como no exemplo: $8 \times 5 = 40$, e o nome do ganhador da jogada na frente.

4. Depois inverte: seu colega digita um número de 1 a 10 na calculadora e passa a máquina para você, que digitará a tecla x , o outro número de 1 a 10 escolhido por você e a tecla = . Em seguida, você passa a calculadora com o resultado para que ele descubra o número que foi digitado.

5. Alternadamente, cada um escolhe o primeiro número dez vezes. Ao todo vocês farão vinte jogadas. No final, vocês contam quantas vezes apareceu o nome de cada um. Cada vez vale um ponto. Ganha quem tiver mais pontos ou dará empate se os dois acertarem a mesma quantidade de produtos.

1º 2º 3º **4º** 5º   ANO ESCOLAR

11 Várias operações, uma mesma resposta

Conteúdos
- Propriedades do Sistema de Numeração Decimal
- Adição, subtração, multiplicação e divisão

Objetivos
- Perceber várias formas de se obter um mesmo número, utilizando a calculadora como recurso para investigação
- Reconhecer as operações inversas
- Resolver problemas com várias soluções
- Desenvolver habilidades de cálculo mental
- Relacionar números com a sua quantidade

Recursos
- Uma calculadora por aluno, caderno, lápis e folha de atividades da p. 155

Descrição das etapas

- **Etapa 1**

Depois de organizar os grupos e distribuir uma calculadora por aluno, peça que todos leiam a atividade 1. Depois, pergunte se a proposta está clara. Para reforçar, peça que alguns alunos expliquem o que se pede. Em seguida, cada um dos alunos desenvolve a atividade individualmente, podendo interagir com seu grupo para pedir ajuda ou para socializar o que pensou, ou seja, a ideia é de que em cada um dos grupos se estabeleça um ambiente de debate. Circule entre os alunos observando como resolvem as situações, que dificuldade apresentam e como todos estão agindo frente aos registros solicitados.

A forma como se desenvolverá a correção também pode propiciar um rico momento de aprendizagem. Para tanto, organize previamente no quadro de giz um quadro para as respostas e para registrar algumas ideias sobre diferentes formas que os alunos pensaram.

Peça a um aluno que coloque sua resposta para a adição, por exemplo, e que os demais complementem com suas respostas, quando diferentes do que já foi registrado. Peça a cada um que diga como pensou e você vai fazendo as relações, por exemplo: "Vejam, Gabi pensou igual ao Leo, mas Teca pensou de forma diferente". Explore o fato de pensar a operação inversa para formar outra; por exemplo, para pensar em dois números cuja soma seja 60, um número menor que 60 pode ser pensado – como sugestão, o 20 – e por meio da subtração 60 – 20 se descobre o outro número, o 40.

Apêndice: Calculadora | 153

> **fique atento!**
>
> Explorar situações que levem a reconhecer as operações de multiplicação e divisão, bem como a adição e a subtração, como operações inversas, tendo uma reflexão sobre essa propriedade operatória, além de ajudar o aluno a criar procedimentos de cálculo mental, também constrói base para, posteriormente, o aluno operar com frações, resolver equações e compreender outras operações, por exemplo, potenciação e radiciação.

Escreva no quadro de giz uma síntese das diferentes formas de pensar cada um dos problemas com base no que seus alunos falam.

Como exemplo, colocamos um modelo de quadro, com alguns registros fictícios.

Soma 60	Diferença 60	Produto 60	Quociente 60
20 + 40	120 − 60	30 × 2	3 600 ÷ 60
55 + 5	61 − 1	1 × 60	120 ÷ 2
...	...	...	...
Como pensou (síntese)			
• Lembrou que 3 + 3 = 6, então concluiu que 30 + 30 = 60. • Pensou um número e fez tentativas até chegar ao resultado.	• Pensou um número e somou 60 para achar o outro número. • Pensou assim: 100 − 30, não dá..., 80 − 30, não dá..., 100 − 40, achei!	• Dividiu 60 por um número que pensou, fazendo tentativas até chegar ao resultado desejado. • Lembrou a tabuada.	• Multiplicou 60 por um número que pensou, para achar o dividendo. • Lembrou a tabuada e inverteu a posição dos números.

• **Etapa 2**

O mesmo procedimento deve ser empregado na atividade 2. Nesse caso, o foco não está em como pensaram, mas na variedade de respostas que apresentam. Assim, o quadro é igual ao anterior, sem as linhas sobre como pensou. Peça, então, que cada aluno escolha uma das suas respostas e a coloque no quadro de giz previamente organizado com o quadro, tal como na etapa anterior. Explore o quadro articulando um debate sobre as respostas: "Todas são coerentes com o que se pede? Diferentes grupos apresentaram a mesma resposta? Quais as respostas que foram lembradas pela maioria?..."

154 | Coleção Mathemoteca | Operações Básicas

ATIVIDADES

1. Use a calculadora para encontrar dois números:

a) cuja soma seja 60.
Conte como você pensou.

b) cuja diferença seja 60.
Conte como você pensou.
Compare as duas formas de pensar que você escreveu nas propostas **a** e **b** e diga o que têm de semelhante.

c) cujo produto seja 60.
Conte como você pensou.

d) que, se divididos, têm como resultado o 60.
Conte como você pensou.
Compare as duas formas de pensar que você escreveu nas propostas **c** e **d** e diga o que têm de semelhante.

2. Agora, é dado um resultado e você usa a calculadora para encontrar quatro pares de números em que:

a) a soma seja 80.

...	+	...	=	80
...	+	...	=	80
...	+	...	=	80
...	+	...	=	80

c) o produto seja 80.

...	×	...	=	80
...	×	...	=	80
...	×	...	=	80
...	×	...	=	80

b) a diferença seja 80.

...	−	...	=	80
...	−	...	=	80
...	−	...	=	80
...	−	...	=	80

d) se divididos têm como resultado o 80.

...	÷	...	=	80
...	÷	...	=	80
...	÷	...	=	80
...	÷	...	=	80

1º 2º 3º 4º **5º** ANO ESCOLAR

12 Estimativa: o valor mais próximo

Conteúdos
- Propriedades do Sistema de Numeração Decimal
- Adição

Objetivos
- Ampliar a compreensão das regularidades do Sistema de Numeração Decimal compondo e comparando números
- Desenvolver cálculo mental e estimativa estimulados pelo uso da calculadora

Recursos
- Uma calculadora por aluno e folha de atividades da p. 159

Descrição das etapas

• **Etapa 1**

Organize os grupos, entregue a calculadora e peça aos alunos que façam a leitura da atividade 1. Converse com a classe para que possa perceber se todos compreenderam o significado de estimar.

Faça coletivamente a estimativa proposta no item **a**, pedindo que todos encontrem, com a calculadora, o resultado da adição 1 230 + 3 410. Certamente, eles chegarão à resposta 4 640. Peça, então, que olhem para o quadro e verifiquem que agora eles devem decidir se esse valor é mais próximo de 4 000 ou de 5 000. Deixe-os concluir. Se houver impasse, peça a um aluno que defenda a resposta 4 000 e a outro que defenda 5 000, explicando seus raciocínios. Se necessário, escreva no quadro de giz a sequência de números 4 000, 4 100, 4 200, ..., 5 000 e questione sobre a posição do 4 640 nessa sequência, de forma que percebam que o valor mais próximo é 5 000.

Em seguida, deixe os grupos desenvolverem com autonomia a atividade.

Circule pelos grupos auxiliando aqueles que apresentam dificuldade. Para correção, solicite a um grupo que dê a primeira estimativa proposta e diga como pensou. Pergunte à classe se todos concordam e se alguém pensou diferente, transformando o momento de correção em um rico espaço para debate. Na sequência, outro grupo apresenta a segunda estimativa e assim por diante até que todas as propostas sejam amplamente exploradas.

Registre todos os procedimentos utilizados em uma folha. Eles irão contribuir para a sistematização no final da segunda etapa.

Apêndice: Calculadora | 157

- **Etapa 2**

Peça aos alunos que façam a leitura da atividade 2. Depois, desenvolva coletivamente o item **a**, $3210 + 4100$, solicitando aos alunos que façam mentalmente o cálculo e decidam o valor mais próximo. Dê o tempo necessário para que todos realizem a proposta e, em seguida, escolha dois ou três alunos para apresentarem à classe a forma como cada um pensou. Explore os diferentes raciocínios. Não se esqueça de dar continuidade aos seus registros para, posteriormente, organizar a sistematização.

Depois, todos devem prosseguir resolvendo os demais itens. Para correção, peça aos alunos que contem como fizeram as estimativas e pergunte a eles como a calculadora contribuiu. Estimule os alunos a falarem sobre seus erros e acertos e como eles foram percebidos. Sistematize a conversa relembrando os procedimentos que foram feitos para calcular mentalmente e estimar, bem como a forma como confrontaram seus cálculos com os resultados da calculadora. Utilize os registros que você fez nas duas etapas.

fique atento!

O cálculo mental e a estimativa exercem significativa influência na capacidade de resolver problemas, além de contribuir para o conhecimento no campo numérico. Assim, mais importante que o resultado correto é o processo desenvolvido para obtê-lo. Um procedimento que contribui para potencializar as capacidades de calcular mentalmente e estimar é registrar e analisar os passos intermediários do desenvolvimento das estratégias de se pensar um cálculo.

Respostas

1.
a) 5 000
b) 4 000
c) 11 000
d) 20 000
e) 8 000
f) 16 000
g) 14 000
h) 15 000

2.
a) 7 000
b) 2 000
c) 13 000
d) 19 000
e) 7 000
f) 8 000
g) 18 000
h) 15 000

ATIVIDADES

1. A seguir, você tem algumas contas e um quadro com vários números.
Você faz a conta na calculadora e depois decide qual dos números do quadro é o valor mais próximo do resultado encontrado. Esse valor escolhido é o que se chama de estimativa do resultado.
Não esqueça de anotar os valores escolhidos para depois conferir com os colegas.

a) 1 230 + 3 410
b) 2 310 + 1 560
c) 8 240 + 3 240
d) 10 110 + 9 990
e) 5 120 + 3 100
f) 10 320 + 5 780
g) 9 300 + 4 330
h) 800 + 14 640

2. Sem usar a calculadora, faça uma estimativa do resultado de cada uma das adições e, da mesma forma, decida qual dos números do quadro é o mais próximo. Depois, use a calculadora para conferir os resultados.

a) 3 210 + 4 100
b) 540 + 1 560
c) 9 640 + 3 420
d) 2 220 + 16 880
e) 1 750 + 5 050
f) 6 820 + 1 100
g) 12 300 + 5 780
h) 12 100 + 3 010

1° 2° 3° 4° **5°** ANO ESCOLAR

13 Perseguindo um objetivo

Conteúdos
- Propriedades do Sistema de Numeração Decimal
- Adição, subtração, multiplicação e divisão

Objetivos
- Compreender as regularidades do Sistema de Numeração Decimal compondo e percebendo a decomposição decimal de um número e as propriedades aditiva e multiplicativa do sistema
- Desenvolver cálculo mental
- Perceber a calculadora como recurso para investigar cálculos

Recursos
- Uma calculadora por aluno, folha de papel branco, lápis, retroprojetor e folha de atividades da p. 163

Descrição das etapas

- **Etapa 1**

Organize os grupos e entregue uma calculadora por aluno. Depois, peça aos alunos que, individualmente, façam a leitura das regras. Em seguida, inicie uma conversa sobre como entenderam a atividade, sistematizando as regras dos procedimentos a serem desenvolvidos com base na fala deles.

fique atento!

É preciso cuidar da compreensão do texto, bem como da formação para a leitura competente. Compreender um texto matemático é uma tarefa difícil que envolve interpretação, decodificação de símbolos, análise, síntese, entre outras habilidades e conhecimentos próprios à Matemática. Fazer questionamentos orais com a classe é uma das várias estratégias que podem auxiliar essa formação. Outra estratégia, bem útil para texto com regras, é pedir aos alunos que encontrem e destaquem algumas palavras e alguns dados do texto. Mas o importante a se evidenciar aqui é que se valorize o momento da leitura e se planejem formas de ensinar o aluno a fazê-la.

Apêndice: Calculadora | 161

Faça coletivamente uma análise dos registros dados como exemplo. Questione-os sobre como cada um dos cálculos foi pensado; quais as operações e os números que foram utilizados nos exemplos e o porquê; qual dos personagens fez um percurso mais curto para chegar ao objetivo; se esse percurso foi o mais simples de ser pensado; se alguém da classe faria um cálculo diferente daqueles etc.

- **Etapa 2**

Peça aos alunos que desenvolvam a atividade 1. Cada um deve desenvolver suas próprias estratégias, mas contar com a ajuda do grupo. Circule na classe para observar como seus alunos pensam e procedem.

Depois que todos terminarem, peça a cada grupo que analise os registros de seus componentes, registrando as semelhanças e diferenças em uma folha de papel branco. Recolha os registros e as análises de cada grupo e faça sua própria análise para perceber como os alunos desenvolveram a atividade e que aspectos eles privilegiaram na comparação entre os registros. Verifique a linguagem que utilizam; como estruturam seus registros; o que eles já sabem sobre o Sistema de Numeração Decimal, entre outras informações que podem orientar as intervenções necessárias.

Prepare a próxima etapa escolhendo alguns dos registros para copiar em *slide* de retroprojetor. Se não for possível usar tal equipamento, tire uma cópia para cada um dos grupos. Para não expor os alunos, omita seus nomes no material reproduzido.

- **Etapa 3**

Inicie esta etapa da mesma forma como desenvolveu a Etapa 1, porém, utilize no lugar dos exemplos dados o material que você preparou com os registros feitos por eles.

O mesmo desenvolvimento proposto na atividade 1 é indicado para as atividades 2 e 3. Organize seu plano de aula de forma que possa ser desenvolvido em outros diferentes momentos de aprendizagem, permitindo que o aluno possa estabelecer novas relações e ampliar a compreensão do Sistema de Numeração Decimal.

ATIVIDADES

Nesta atividade, usando a calculadora, você irá digitar um número de partida, pensar e desenvolver um percurso de operações usando apenas as teclas 0, 1, $+$, $-$, $\times$, $\div$ e $=$, para chegar a determinado número dado como objetivo.

REGRAS

1. Primeiro você digita o número de partida, que será dado mais adiante.
2. Você escreve o número de partida também na folha branca.
3. Depois, apenas usando as teclas 0 e 1, você forma números para somar, subtrair, multiplicar ou dividir, até que no visor apareça o número dado como objetivo.
4. Veja! Não pode usar as teclas C e CE. Se você clicar alguma tecla erradamente, deve continuar a partir do número que está no visor, fazendo as operações necessárias até atingir o objetivo.
5. Cada operação deve ser registrada na folha branca, para que depois seu grupo compare a forma como cada um resolveu.

Para ver como existem várias possibilidades de se chegar ao objetivo, observe um exemplo de como três alunos pensaram, a seguir:

O número de partida é o 3 000 e o objetivo é chegar ao 1 303

Mari fez assim	Isabele fez assim	Luiza fez assim
		$3\,000 \times 11 = 33\,000$
$3\,000 + 10\,000 = 13\,000$	$3\,000 - 1\,000 = 2\,000$	$33\,000 \div 10 = 3\,300$
$13\,000 \div 10 = 1\,300$	$2\,000 - 1\,000 = 1\,000$	$3\,300 - 1\,000 = 2\,300$
$1\,300 + 1 = 1\,301$	$1\,000 + 101 = 1\,101$	$2\,300 - 1\,000 = 1\,300$
$1\,301 + 1 = 1\,302$	$1\,101 + 101 = 1\,202$	$1\,300 + 1 = 1\,301$
$1\,302 + 1 = 1\,303$	$1\,202 + 101 = 1\,303$	$1\,301 + 1 = 1\,302$
OBJETIVO!	OBJETIVO!	$1\,302 + 1 = 1\,303$
		OBJETIVO!

Agora é com você:

1. O número de partida é o 16 000 e o objetivo é 3 016.

2. O número de partida é o 500 e o objetivo é 55 001.

3. O número de partida é o 111 e o objetivo é 10 101.

1º 2º 3º 4º **5º** ANO ESCOLAR

14 Poucas teclas, várias expressões

Conteúdo
- Adição, subtração, multiplicação e divisão de números naturais

Objetivos
- Desenvolver estratégias de cálculo mental e estimativa
- Enfrentar problemas e buscar um modo de solucioná-los, investigando as possibilidades de formar expressões para obter um resultado
- Ampliar habilidades no uso de calculadora

Recursos
- Uma calculadora por aluno, folha de papel branco, caderno, lápis e folha de atividades das p. 167-168

Descrição das etapas

- **Etapa 1**

Organize os grupos e entregue uma calculadora para cada aluno.
Peça aos alunos que façam uma leitura da atividade 1 e verifique se eles entenderam a proposta. Reforce que só podem ser utilizadas as teclas representadas na coluna 1. Motive os alunos a investigar e resolver cada um dos desafios nos grupos. Estimule-os a explorar as possibilidades que possam existir para cada um dos resultados a serem encontrados e anotar suas produções.

fique atento!

Este é um problema de investigação; logo, exige tempo para pensar, testar, emitir hipóteses, comprovar, buscar estratégias etc. Frente a dificuldades, os alunos irão recorrer ao seu apoio. Não lhes dê respostas prontas; faça perguntas, estimule-os a encontrar caminhos para resolvê-las.

Depois que os alunos completarem suas tabelas, inicia-se a correção. Ela pode ser feita de uma forma bem animada e útil para que todos aprendam mais: coloque no quadro uma tabela para cada um dos desafios. Veja um exemplo:

Desafio 1				
7	8	10	12	15

Apêndice: Calculadora | 165

Peça a um grupo que coloque uma expressão numa das colunas e, em sequência, cada um dos demais grupos acrescenta no quadro uma expressão diferente das anteriores, até que se esgotem as possibilidades encontradas. Verifique que há muitas possibilidades de exploração da tabela preenchida. Problematize as semelhanças e diferenças entre as expressões com o mesmo resultado e as dificuldades encontradas.

> **fique atento!**
>
> Perceba que irão aparecer situações do tipo: um grupo coloca 2×3 e outro grupo coloca 3×2. Aproveite para relembrar a propriedade comutativa da multiplicação, perguntando se as duas contas são válidas ou se colocar uma e outra é a mesma coisa. O mesmo fato acontecerá com a adição.

- **Etapa 2**

Esta etapa possibilita aos alunos mobilizar conhecimentos, criatividade e habilidade de formular problemas para completar o desafio proposto. Peça aos grupos que desenvolvam a atividade 2, produzindo seus desafios, e que usem a frente de uma folha de papel branco para registro, colocando identificação: nome dos componentes. Garanta a troca entre cada par de grupos para resolução do desafio produzido e a destroca para correção. Na sequência, a classe realiza a atividade 3, registrando no verso da folha utilizada anteriormente. Repita os procedimentos desenvolvidos para a atividade 2. Depois, recolha as folhas com os registros para analisar os progressos dos seus alunos e definir as intervenções necessárias.

Respostas

1. (algumas das possibilidades)

Desafio 1				
7	**8**	**10**	**12**	**15**
$2 + 3 + 2$	$2 + 2 + 2 + 2$	$2 + 2 + 3 + 3$	$2 \times 3 \times 2$	$3 \times 3 + 3 + 3$
$2 \times 2 + 3$	$2 \times 2 \times 2$	$2 \times 2 \times 2 + 2$	$2 + 2 + 2 + 2 + 2 + 2$	$2 \times 3 \times 2 + 3$
	$2 \times 3 + 2$	$2 + 2 + 2 + 2 + 2$	$3 \times 3 + 3$	$3 + 3 + 3 + 3 + 3$

Desafio 2				
1	**3**	**24**	**100**	
$5 - 2 - 2$	$5 - 2$	$2 \times 5 \times 2 + 2 + 2$	$25 \times 2 \times 2$	
$5 \times 2 - 5 - 2 - 2$	$2 \times 2 \times 2 - 5$	$25 \times 2 - 22 - 2 - 2$	$52 \times 2 - 2 - 2$	
$25 - 22 - 2$	$25 - 22$	$22 \times 2 - 5 - 5 - 5 - 5$	$22 \times 5 - 5 - 5$	

Desafio 3				
7	**12**	**24**	**60**	
$8 - 1$	$8 + 1 + 1$	$88 - 66 + 1 + 1$	$68 - 6 - 1 - 1$	
$68 - 61$	$8 + 6 - 1 - 1$	$18 + 6$	$61 - 1$	
$6 + 1$	$88 - 68 - 8$	$16 + 8$	$18 + 18 + 18 + 6$	

Desafio 4				
4	**6**	**10**	**11**	
$20 \div 10 \times 2$	$12 \div 2$	$200 \div 20$	$22 \div 2$	
$200 \div 100 \times 2$	$6 \div 2 \times 2$	$11 \div 11 \times 10$	$11 \div 1$	
$22 \div 11 \times 2$	$60 \div 10$	1×10	$220 \div 2 \div 10$	

ATIVIDADES

1. Com seu grupo, usando apenas as teclas da calculadora indicadas na coluna 1, forme sentenças de operações que tenham como resultado cada um dos números da coluna 2.
Além das teclas indicadas, você pode usar, quando necessário, as teclas C e CE para apagar registros. Como exemplos, já estão preenchidas algumas expressões para se obter o 6 e o 50.

TECLAS	RESULTADOS	EXPRESSÕES
Desafio 1		
2 3 × + =	6	2 × 3 = 2 + 2 + 2 = 3 + 3 =
	50	23 + 23 + 2 + 2 = 22 + 22 + 2 + 2 + 2 = 3 × 3 × 3 + 23 =
	7	...
	8	...
	10	...
	12	...
	15	...
Desafio 2		
5 2 × − =	1	...
	3	...
	24	...
	100	...
Desafio 3		
8 6 1 + − =	7	...
	12	...
	24	...
	60	...
Desafio 4		
0 1 2 × ÷ =	4	...
	6	...
	10	...
	11	...
Desafio 5		
0 3 5 + ÷ =	...	...
	...	...
Desafio 6		
...	...	...
	...	...
	...	...

Apêndice: Calculadora | 167

2. Desafie seus colegas elaborando dois resultados a serem obtidos com as teclas indicadas na coluna 1 do Desafio 5. Naturalmente, você deve ter no mínimo uma expressão para cada um dos resultados que você irá produzir.

   Troque o desafio produzido com outro grupo e depois que terminarem, destroque para correção.

3. Produza, mais uma vez, uma situação para desafiar os colegas de outro grupo. Crie uma situação para o Desafio 6, escolhendo os números e teclas a serem utilizados. Naturalmente, você deve ter no mínimo uma expressão para cada um dos cinco resultados que você irá produzir.

   Troque o desafio produzido com outro grupo e, depois que terminarem, destroque para correção.

1° 2° 3° 4° **5°** ANO ESCOLAR

15 Qual número digitei?

Conteúdos
- Expressões numéricas
- Propriedades das operações

Objetivos
- Calcular expressões numéricas, a partir de operações inversas, para descobrir um valor desconhecido, reconhecendo as propriedades das operações
- Operar com apoio da calculadora a partir de questões que exigem estabelecer estratégias de resolução, testar hipóteses, analisar a relação entre a operação e o texto do problema e refletir sobre a solução

Recursos
- Uma calculadora por aluno, caderno e lápis

Descrição das etapas

- **Etapa 1**

Organize os grupos e distribua uma calculadora por aluno. Copie no quadro a atividade 1 e peça aos alunos que façam uma leitura dela. Verifique se entenderam a proposta. A atividade é desenvolvida individualmente, nos grupos, de forma que os alunos possam trocar ideias e se ajudar.

> *fique atento!*
>
> As crianças podem, de modo intuitivo, investigativo e motivador, se deparar com situações matemáticas que contribuem para o desenvolvimento do pensamento da álgebra que será introduzido no 7º ano. A atividade apresentada – operar para descobrir um valor desconhecido – tem essa função. Apoiar o desenvolvimento do pensamento algébrico bem antes de precisar formalizá-lo é uma das importantes contribuições do ensino da Matemática nos primeiros anos do Ensino Fundamental.

Depois que os alunos completarem a atividade 1, peça a eles que verifiquem suas respostas no grupo. Depois, proceda a uma conversa coletiva sobre como eles encontraram os resultados. Chame, um a um, seis alunos para contar como pensaram para responder a uma questão e para escrever a expressão correspondente no quadro. O objetivo é focalizar o uso da operação inversa. Por exemplo, o número desconhecido é multiplicado por 3 para encontrar o 129; então, dividindo-se o 129 por 3, tem-se o número. Para sistematizar a conversa, elabore com os alunos uma lista de dicas para "descobrir o número".

Apêndice: Calculadora | 169

Perceba que em **a** e **b** identifica-se que: somar e subtrair, não importa a ordem. Em **c** e **d**, há cálculos bastante distintos com o mesmo resultado. Evidencie a necessidade de utilizar os parênteses para indicar que o 3 multiplica o resultado da subtração 105 – 12. Nos itens **e** e **f**, apesar de envolverem os mesmos números e as mesmas operações, os resultados são diferentes, pois na multiplicação e adição a ordem das operações influencia o resultado, distinguindo-se do que se percebeu nos itens **a** e **b**. Novamente verifica-se a importância dos parênteses.

- **Etapa 2**

Peça a cada um dos grupos que realize a atividade 2, que propõe a produção de um desafio para os colegas. Solicite a eles que registrem no quadro para que todos possam copiar e levar como tarefa para fazer em casa. Na correção poderão aparecer situações que não puderam ser resolvidas pelos alunos (os desafios que apresentam incorreções). Nesse caso, peça à classe sugestões para modificar o texto de forma que se transforme em um problema válido.

ATIVIDADES

1. Utilize a calculadora para descobrir o número digitado e, em seguida, escreva a expressão que corresponde ao cálculo que você fez. Quando terminar, confira os resultados com os colegas do seu grupo.
    a) Digitei um número na minha calculadora. Somei 52 e subtraí 35, encontrando 100 como resultado. Que número digitei?
    b) Digitei um número na minha calculadora, subtraí 35 e somei 52, encontrando 100 como resultado. Que número digitei?
    c) Digitei um número na minha calculadora. Somei 12 e multipliquei por 3, encontrando 129 como resultado. Que número digitei?
    d) Digitei um número na minha calculadora. Multipliquei por 3 e somei 12, obtendo o número 105. Que número digitei?
    e) Digitei um número na minha calculadora. Subtraí 6 e dividi por 2, obtendo o número 30. Que número digitei?
    f) Digitei um número na minha calculadora, dividi por 2, subtraí 6 e obtive 30. Que número digitei?

2. Agora é sua vez. Produza, com seu grupo, uma situação tal como a da atividade anterior. Você pensa um número e faz duas operações a partir dele para encontrar um resultado. Escreva a expressão com o resultado no caderno, depois elabore o texto "Digitei um número..." e desafie os outros grupos.

Respostas

1. a) 100 + 35 – 52 = 83   d) (105 – 12) ÷ 3 = 31
   b) 100 – 52 + 35 = 83   e) 30 × 2 + 6 = 66
   c) 129 ÷ 3 – 12 = 31   f) (30 + 6) × 2 = 72

1° 2° 3° 4° **5°** ANO ESCOLAR

16 O desafio do professor Bondecuca

Conteúdo
- Adição e subtração de números naturais

Objetivos
- Ler e interpretar situação-problema com texto longo e muitas informações
- Investigar, analisar e generalizar regularidades da adição e da subtração, utilizando a calculadora como recurso
- Desenvolver estratégias de cálculo mental

Recursos
- Uma calculadora por grupo e folha de atividades da p. 173

Descrição das etapas

- **Etapa 1**

Organize os grupos, entregando uma calculadora por grupo.
Esta sequência de atividades exige, inicialmente, um cuidado especial com a leitura e interpretação do texto. Peça a cada um dos alunos que faça uma primeira leitura individual do texto inicial das atividades, para que todos possam ter noções do problema e do contexto em que ele se desenvolve. Oriente no sentido de que nessa leitura os alunos não se preocupem com dados e contas, mas apenas em ter uma visão geral do tema para se situarem. Depois, peça que desenvolvam uma segunda e bem cuidadosa leitura nos grupos. Oriente-os a fazer paradas na leitura para esclarecer, entre eles, o que não está claro, verificando se há alguma palavra ou algum dado cujo significado desconhecem.
Na sequência, promova uma conversa com toda a classe, solicitando que um aluno conte o que entendeu sobre o texto. Pergunte à turma quem pode contribuir com alguma informação que não tenha feito parte da fala do colega, fomentando a conversa até que todos estejam satisfeitos com o entendimento do texto.
Peça, então, aos grupos que façam a atividade 1. Estimule-os a explorar todas as possibilidades de descobrir como Dida Pensador resolveu, testando as contas com o uso da calculadora. Oriente a classe para que o ambiente se constitua na direção da investigação.
Quando você verificar que a maioria esgotou quase todos os seus recursos e ainda está distante de um caminho que leve à solução, dê uma dica, como: "Experimentem somar os números de dois em dois, usando a calculadora".
Quando a maioria chegar à solução do problema ou estiver próxima dela, abra a conversa com toda a classe para que juntos cheguem a uma conclusão.

Apêndice: Calculadora | 171

- **Etapa 2**

Organize e oriente os alunos para desenvolverem a atividade 2 nos grupos. Circule entre eles para perceber quais alunos desenvolvem o cálculo mental e quais têm dificuldade, para que você possa organizar outras atividades a favor do cálculo mental, de acordo com sua classe.

- **Etapa 3**

É bem desafiador fazer a atividade 3. Ela é indicada para ser feita coletivamente após o desenvolvimento das etapas anteriores.

Respostas

1. Dida Pensador escolheu uma forma bem estratégica para calcular: cada número que o professor colocava, o aluno andava até o quadro para colocar o seu número e voltava para a carteira (observe que sempre se escreve "o aluno andou até o quadro"). Nesse tempo, Dida Pensador calculava quanto faltava do número dado pelo professor para chegar a 1 000 (690, então faltava 310; 527, então faltava 473; 781, então faltava 219). Ou seja, o aluno foi resolvendo o problema ao longo da sua formulação, de forma a dar o resultado mais prático, pois ele já sabia qual era:

$$3\ 000 = \underbrace{690 + 310}_{1\ 000} + \underbrace{527 + 473}_{1\ 000} + \underbrace{781 + 219}_{1\ 000}$$

2. 655; 168; 873. Resultado: 3 000. Sim, a resposta é sempre 3 000.
3. Seria resolvido da mesma forma, porém deve-se calcular quanto falta do número dado para chegar a 10 000. No caso de utilizar seis números, a resposta será sempre 30 000.

ATIVIDADES

O professor Bondecuca lançou o seguinte desafio para seus alunos:

"Quem conseguir somar seis números, de três algarismos cada um, em até 6 segundos, sem usar a calculadora, vai ganhar um chocolate!"

Depois de vários alunos tentarem e falharem, o Dida Pensador, um aluno da classe que gostava de pensar muito nos desafios antes de resolvê-los, disse o seguinte:

"Eu consigo fazer a soma. Proponho que o professor dê o primeiro número e eu decido qual vai ser o segundo número; o professor escolhe o terceiro e eu escolho o quarto; o professor decide qual será o quinto número e eu escolho o sexto."

Apesar de o Professor Bondecuca já não ter mais esperança de que alguém fizesse os cálculos mentalmente em tão pouco tempo, aceitou a proposta. E assim, os números foram escolhidos e colocados no quadro:

Primeiro o professor Bondecuca escreveu **690**.
O aluno andou até o quadro e registrou **310**.
Também o professor anotou no quadro o número **527**.
Então o Dida Pensador foi até o quadro e escreveu **473**.
Logo em seguida o professor escolheu **781**.
Dida Pensador foi novamente até o quadro e colocou **219**.
Então o professor disse: "Agora você tem 5 segundos..." e antes que ele terminasse a frase Dida Pensador respondeu: "**3 000**".

Todos ficaram surpresos e curiosos com a rapidez com que Dida Pensador fez o cálculo.

Após ler o texto, desenvolva as atividades:

1. Você saberia dizer como Dida Pensador acertou a soma em menos de 5 segundos? Com a calculadora, confira as contas, somando os números na sequência em que foram dados. Investigue com seus colegas do grupo e descubra o segredo do Dida Pensador.
Depois que chegar a uma conclusão, descreva como ele pensou.

2. Agora, faça você. Eu te dou um número: 345.
Qual o número que você coloca?
Eu te dou outro número: 832.
Qual o número que você coloca?
Eu te dou outro número: 127.
Qual o número que você coloca?
Qual o resultado (lembre-se de que você tem 6 segundos para responder)?

Seguindo o modo de pensar do Dida Pensador, você terá sempre uma mesma resposta para este desafio, independentemente dos números de três algarismos que eu te dou? Caso concorde, qual é essa resposta?

3. Como seria resolvido esse desafio se os números tivessem quatro algarismos?

Desafie seus colegas e familiares!

1° 2° 3° 4° **5°** ANO ESCOLAR

17 Qual o número do telefone?

Conteúdo
- Expressões numéricas envolvendo as quatro operações e parênteses

Objetivos
- Usar a calculadora para investigar curiosidades matemáticas
- Ampliar habilidade de leitura e interpretação de texto matemático, seguindo um roteiro de regras
- Criar e resolver expressões numéricas reconhecendo a importância de estabelecer regras para a produção e resolução de uma expressão numérica

Recursos
- Uma calculadora por dupla, caderno, lápis e folha de atividades da p. 176

Descrição das etapas

- **Etapa 1**

Depois de organizar a classe, distribua uma calculadora por dupla. Peça a um aluno que leia para todos a atividade 1 e verifique a compreensão de todos. Evidencie a necessidade de seguir as regras com cuidado e fazer os registros solicitados. Eles são essenciais para a Etapa 2. Deixe-os resolver à vontade para trocar suas hipóteses e conhecimentos sobre a leitura. O número obtido no item **e** terá a ordem de dezena de milhão.

Os alunos que não encontrarem o número de telefone escolhido pela dupla certamente cometeram um erro na leitura dos comandos ou na digitação dos algarismos. É válido, neste caso, que você solicite aos alunos que tentem novamente, com mais atenção à leitura e nos cliques. Observe-os enquanto refazem, buscando perceber seus procedimentos e auxiliando-os quando necessário. É importante que todos os alunos alcancem o objetivo.

- **Etapa 2**

Nesta etapa será desenvolvida a atividade 2. Inicialmente, faça a leitura da proposta e desenvolva uma conversa com a classe, com base na questão: "O que é uma expressão numérica?". Faça outros questionamentos, tais como: "Quais as operações que podem estar na expressão numérica? Quais as regras que precisam ser seguidas ao resolver uma expressão? Para que servem os parênteses?".

Coloque no quadro duas expressões idênticas, exceto por uma ter parênteses e outra não, e debata com a classe a diferença entre seus resultados, por exemplo: 20 + 30 × 50 (resposta: 1 520) e (20 + 30) × 50 (resposta: 2 500).

Após esse debate, peça aos alunos que produzam as expressões numéricas, relendo com cuidado os comandos da atividade 1. Quando todos terminarem suas produções, solicite a cada duas duplas que troquem entre si as expressões produzidas para resolverem. Naturalmente, o resultado das expressões deve ser o número de telefone escolhido. Peça a eles que confirmem e não apaguem os resultados caso estejam incorretas. Solicite às duplas, cujo resultado não está correto, que copiem no quadro a expressão e a resolução. Analise com a turma para identificar os erros coletivamente.

fique atento!

Observe que o "segredo" da curiosidade está no fato de a expressão
$(2547 \times 40 + 1) \times 250$ corresponder à expressão $2547 \times 40 \times 250 + 250$, o que significa multiplicar 2 547 por 10 000 (40×250) e somar 250 ao resultado. Observe que a multiplicação coloca o número 2 547 na posição que os algarismos tomam no número de telefone. Perceba que o 250 é, depois, subtraído.
Mas atenção! O desenvolvimento dessa análise para os alunos fica a seu critério. Verifique se eles têm condições de compreender tais conclusões antes de apresentá-las aos alunos.

ATIVIDADES

1. Siga as regras, pois algo curioso vai acontecer!
   a) Escreva o número do telefone de um dos componentes da dupla.
   b) Vocês sabem o que significa a palavra **prefixo**? Conversem para decidir quais são os 4 algarismos do prefixo do número do telefone escolhido pela dupla e registre-os.
   c) Agora, digite na calculadora o número obtido e, depois, multiplique-o por 40. Registre o resultado.
   d) Some 1 ao resultado anterior (o total) e registre-o.
   e) Multiplique o resultado anterior por 250. Registre o resultado.
   Deu um número muito grande? Conversem na dupla como pode ser lido esse número, seguindo as regras do Sistema de Numeração Decimal. Não deixem de conferir essa leitura com outras duplas.
   f) Retorne ao número de telefone anotado no item **a** e registre, a seguir, na ordem em que estão, os seus 4 últimos algarismos.
   g) Some o número formado no item anterior com o resultado que está na calculadora (e que vocês anotaram no item **e**). Escreva o resultado.
   h) Subtraia do total anterior o número 250. Anote! Que número vocês encontraram?
   i) Que tal repetir o mesmo procedimento para outro número de telefone?

2. Retornem ao roteiro da atividade anterior e produzam uma expressão numérica com base nos comandos e resultados de cada um dos itens de **b** a **i**. Não se esqueçam de usar parênteses ( ) para organizar a sequência de operações.

Resposta
Como exemplo, para o número 25479104, tem-se: $(2\,547 \times 40 + 1) \times 250 +$
$+ 9\,104 - 250$

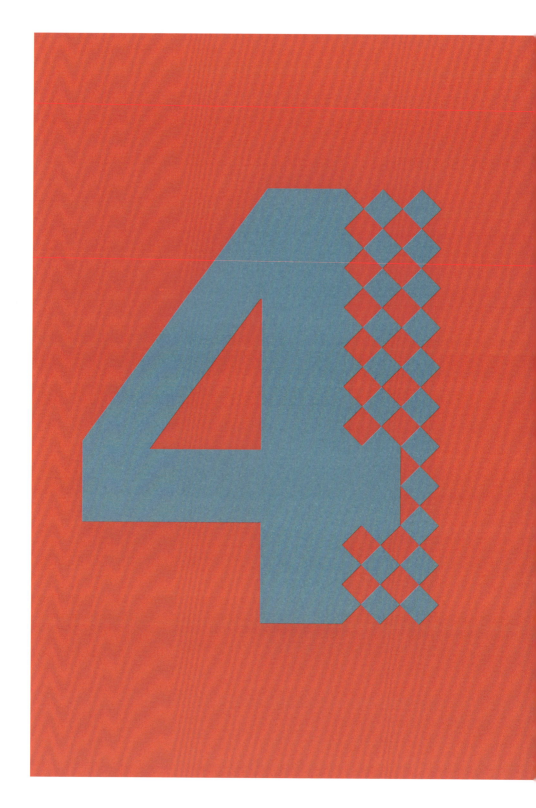

Materiais

Cartas especiais e fichas sobrepostas

Se sua escola não dispõe de materiais manipulativos (cartas especiais e fichas sobrepostas) em quantidade suficiente, você pode disponibilizar para cada aluno uma cópia dos moldes que se encontram a seguir. Para baixá-los, em www.grupoa.com.br, acesse a página do livro por meio do campo de busca e clique em Área do Professor. Para que cada aluno tenha o seu próprio material, basta colar as folhas em cartolina e recortá-las.

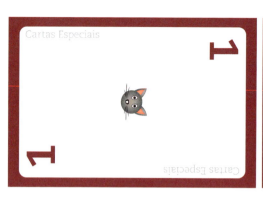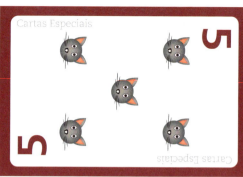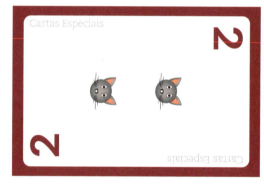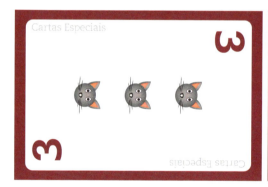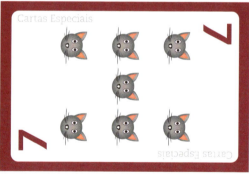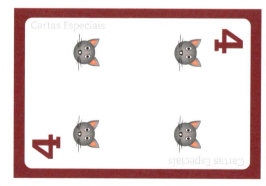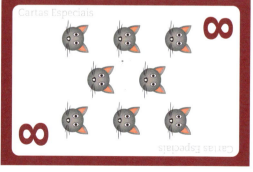

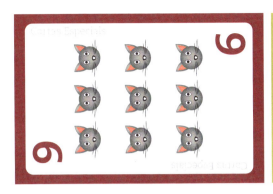
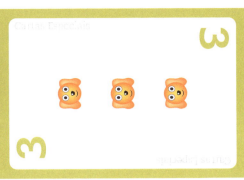
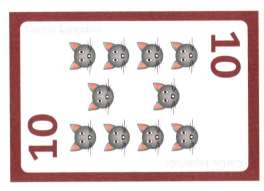
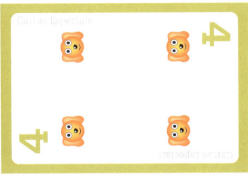
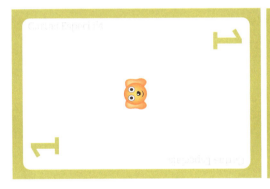
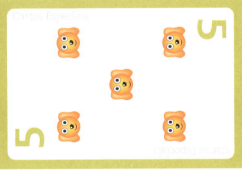
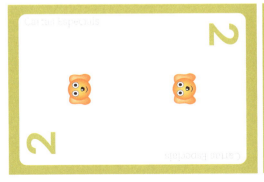

Materiais manipulativos | 181

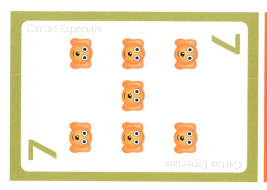
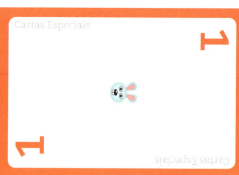
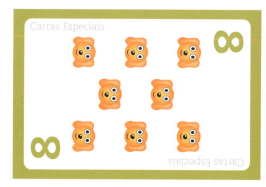
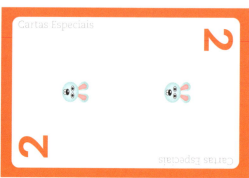
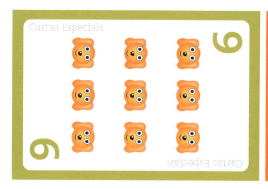
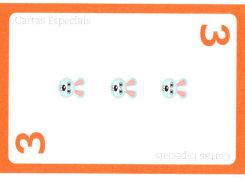
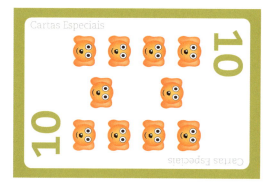
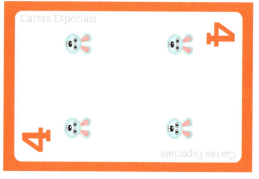

182 | Coleção Mathemoteca | Operações Básicas

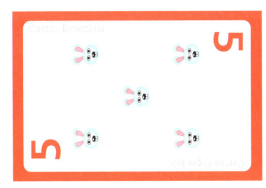
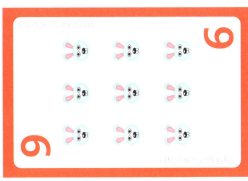
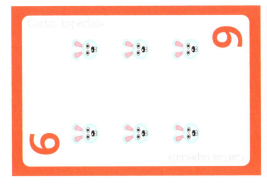
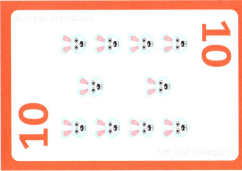
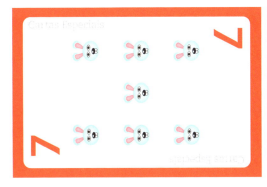
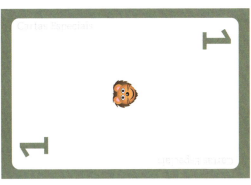
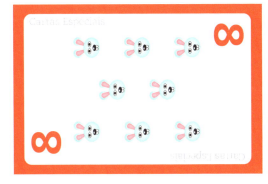
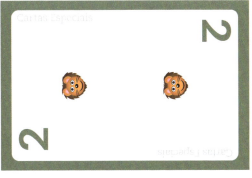

Materiais manipulativos | 183

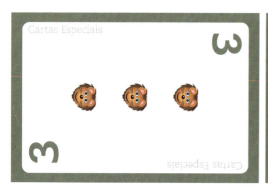
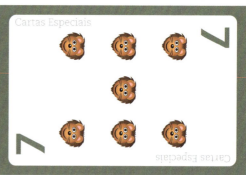
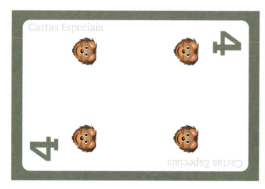
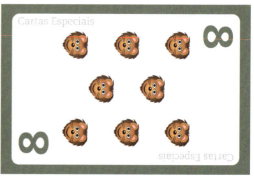
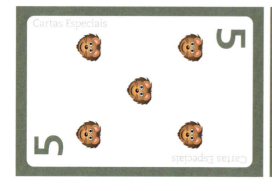
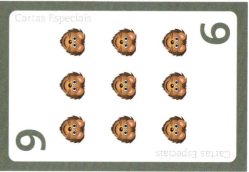
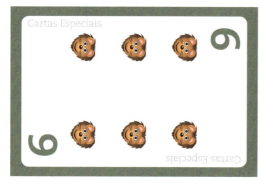
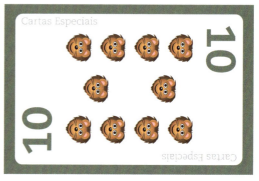

0 1
2 3
4 5
6 7
8 9

Materiais manipulativos | 185

10

20 30

40 50

60 70

80 90

186 | **Coleção Mathemoteca** | Operações Básicas

1	0	0
2	0	0
3	0	0
4	0	0
5	0	0

Materiais manipulativos | 187

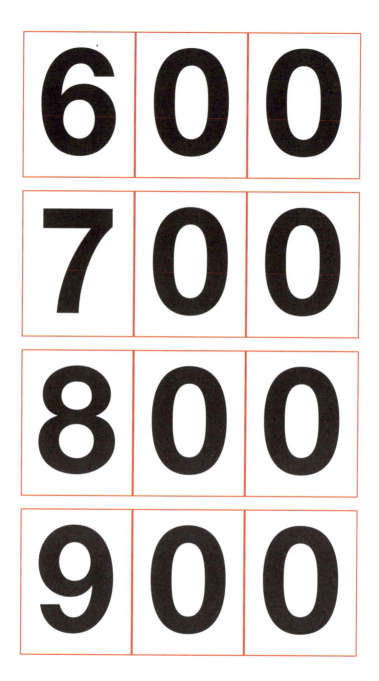

1	0	0	0
2	0	0	0
3	0	0	0
4	0	0	0
5	0	0	0

6	0	0	0
7	0	0	0
8	0	0	0
9	0	0	0

Referências

BERTONI, N. E. A construção do conhecimento sobre número fracionário. *Bolema*, v. 21, n. 31, p. 209-237, 2008.

CÂNDIDO, P. Comunicação em matemática. In: SMOLE, K. C. S.; DINIZ, M. I. S. V. (Org.). *Ler, escrever e resolver problemas*: habilidades básicas para aprender matemática. Porto Alegre: Artmed, 2001.

CAVALCANTI, C. Diferentes formas de resolver problemas. In: SMOLE, K. C. S.; DINIZ, M. I. S. V. (Org.). *Ler, escrever e resolver problemas*: habilidades básicas para aprender matemática. Porto Alegre: Artmed, 2001.

COLL, C. (Org.). *Desenvolvimento psicológico e educação*. Porto Alegre: Artmed, 1995. v. 1.

KAMII, C.; DEVRIES, R. *Jogos em grupo na educação infantil*. São Paulo: Trajetória Cultural, 1991.

KISHIMOTO, T. M. (Org.). *Jogo, brinquedo, brincadeira e educação*. São Paulo: Cortez, 2000.

KRULIC, S.; RUDNICK, J. A. Strategy gaming and problem solving: instructional pair whose time has come! *Arithmetic Teacher*, n. 31, p. 26-29, 1983.

LÉVY, P. *As tecnologias da inteligência*: o futuro do pensamento na era da informática. Rio de Janeiro: Editora 34, 1993.

MACHADO, N. J. *Matemática e língua materna*: a análise de uma impregnação mútua. São Paulo: Cortez, 1990.

MIORIM, M. A.; FIORENTINI, D. Uma reflexão sobre o uso de materiais concretos e jogos no ensino de Matemática. *Boletim SBEM-SP*, v. 7, p. 5-10, 1990.

NUNES, T.; BRYANT, P. *Crianças fazendo matemática*. Porto Alegre: Artes Médicas, 1997.

QUARANTA, M. E.; WOLMAN, S. Discussões nas aulas de matemática: o que, para que e como se discute. In: PANIZZA, M. (Org.). *Ensinar matemática na educação infantil e nas séries iniciais*: análise e propostas. Porto Alegre: Artmed, 2006.

RIBEIRO, C. Metacognição: um apoio ao processo de aprendizagem. *Psicologia*: Reflexão e Crítica, v. 16, n. 1, p. 109-116, 2003.

SMOLE, K. C. S. *A matemática na educação infantil*: a Teoria das Inteligências Múltiplas na prática escolar. Porto Alegre: Artmed, 1996.

LEITURAS RECOMENDADAS

ABRANTES, P. *Avaliação e educação matemática*. Rio de Janeiro: MEM/USU Gepem, 1995.

BRIGHT, G. W. et al. (Org.). *Principles and Standards for School Mathematics Navigations Series*. Reston: NCTM, 2004.

BRIZUELA, B. M. *Desenvolvimento matemático na criança*: explorando notações. Porto Alegre: Artmed, 2006.

BUORO, A. B. *Olhos que pintam*: a leitura da imagem e o ensino da arte. São Paulo: Cortez, 2002.

BURRILL, G.; ELLIOTT, P. (Org.). *Thinking and reasoning with data and chance*: Yearbook 2006. Reston: NCTM, 2006.

CARRAHER, T. et al. *Na vida dez, na escola zero*. São Paulo: Cortez, 1988.

CLEMENTS, D.; BRIGTH, G. (Org.). *Learning and teaching measurement*: Yearbook 2003. Reston: NCTM, 2003.

COLOMER, T.; CAMPS, A. *Ensinar a ler, ensinar a compreender*. Porto Alegre: Artmed, 2002.

CROWLEY, M. L. O modelo van Hiele de desenvolvimento do pensamento geométrico. In: LINDQUIST, M. M.; SHULTE, A. P. (Org.). *Aprendendo e ensinando geometria*. São Paulo: Atual, 1994.

D'AMORE, B. *Epistemologia e didática da matemática*. São Paulo: Escrituras, 2005. (Coleção Ensaios Transversais).

FIORENTINI, D. A didática e a prática de ensino medidas pela investigação sobre a prática. In: ROMANOWSKI, J. P.; MARTINS, P. L. O.; JUNQUEIRA, S. R. (Org.). *Conhecimento local e universal*: pesquisa, didática e ação docente.Curitiba: Champagnat, 2004. v. 1.

FROSTIG, M.; HORNE, D. *The Frostig program for development of visual perception*. Chicago: Follet, 1964.

GARDNER, H. *Inteligências múltiplas*: a teoria na prática. Porto Alegre: Artmed, 1995.

HOFFER, A. R. Geometria é mais que prova. *Mathematics Teacher*, v. 74, n. 1, p. 11-18, 1981.

HOFFER, A. R. *Mathematics Resource Project*: geometry and visualization. Palo Alto: Creative, 1977.

HUETE, J. C. S.; BRAVO, J. A. F. *O ensino da matemática*: fundamentos teóricos e bases psicopedagógicas. Porto Alegre: Artmed, 2006.

Índice de atividades
(ordenadas por ano escolar)

1º/3º anos

- Memória de 15 (adição) 53
- Borboleta (adição) 55
- Salute (adição e subtração) 57

2º/3º anos

- Trocando pelo mesmo valor (composição de números no Sistema de Numeração Decimal) 83
- O que é, o que é? (composição e comparação de números no Sistema de Numeração Decimal) 87
- O troca-troca da subtração 91
- O troca-troca da adição 93

3º ano

- *Stop* da subtração 61
- Investigando a calculadora 115
- Matemaclicar (adição e subtração) 119
- Completando com a "conta de vezes" (tabuadas) 123
- Resolvendo problemas 127

3º/4º anos

- O ábaco e as adições 33
- Adicionando no ábaco 37
- Subtraindo no ábaco 39
- Batalha da multiplicação 65
- Multiplicando como Didi 97

Índice de atividades | 197

3º/5º anos

- Ábaco – subtraindo com trocas 43
- Ábaco – subtraindo com trocas duplas 45
- Subtraindo com ábaco e algoritmo 47

4º ano

- Adivinhe (multiplicação).. 69
- Pescaria da multiplicação 73
- As contas da Tatá (adição e subtração)........................ 131
- Decompondo números (propriedades do Sistema de Numeração Decimal) 135
- O dez é quem manda (multiplicação)............................ 139
- Meta! (adição e subtração) 143
- Você é fera! (tabuadas) 147
- Brincando com a tabuada 151
- Várias operações, uma mesma resposta (as quatro operações) 153

4º/5º anos

- Multiplicando no ábaco 49
- Investigue e responda (leitura e escrita no Sistema de Numeração Decimal)... 101
- Quebrando a cuca (propriedades do Sistema de Numeração Decimal)... 103
- Quanto menos, melhor! (multiplicação por 100)........... 109

198 | **Coleção Mathemoteca** | Operações Básicas

5º ano

Jogo da borboleta: multiplicativo 77

Quanto mais, melhor! (multiplicação por 1 000) 105

Estimativa: o valor mais próximo (adição) 157

Perseguindo um objetivo (as quatro operações) 161

Poucas teclas, várias expressões (as quatro operações) 165

Qual número digitei? (expressões numéricas) 169

O desafio do professor Bondecuca (adição e subtração) 171

Qual o número do telefone? (expressões numéricas) 175